1 4年生で習ったこと ①

1 次の計算をしましょう。商は整数で求め、余り(あま)も出しましょう。

① 3)63

② 4)72

③ 6)96

④ 4)54

⑤ 5)58

⑥ 6)78

⑦ 4)120

⑧ 5)155

⑨ 4)208

⑩ 6)852

⑪ 8)368

⑫ 7)575

2 次の計算をしましょう。商は整数で求め、余りも出しましょう。　52点(1つ4)

① 24)72

② 39)78

③ 25)75

④ 16)97

⑤ 32)76

⑥ 48)98

⑦ 61)122

⑧ 52)218

⑨ 34)204

⑩ 96)384

⑪ 73)543

⑫ 43)627

⑬ 47)940

商の見当をつけて、商をたてる位に気をつけよう。わり算の余りは、わる数より小さくなるよ。余りがわる数より大きくなったときは、商を1つずつ大きくしていくよ。

2 4年生で習ったこと ②

① 次の計算を暗算でしましょう。　　　　　　　　　　16点(1つ4)

① 0.4×7

② 0.06×5

③ 0.6÷3

④ 7.2÷9

② 次の計算をしましょう。わり算は、わり切れるまでしましょう。　　32点(1つ4)

①
```
    2.6
  ×   5
```

②
```
   0.6 3
  ×    5
```

③
```
    3.6
  × 2 8
```

④
```
   2.3 2
  ×   4 5
```

⑤
```
8 ) 0.9 6
```

⑥
```
6 ) 1.4 4
```

⑦
```
2 4 ) 6 2.4
```

⑧
```
1 4 ) 9.1
```

❸ 次の計算をしましょう。　　　　　　　　　　　　　　24点（1つ4）

① $\dfrac{2}{4}+\dfrac{3}{4}$　　　　　　　　② $\dfrac{3}{5}+\dfrac{4}{5}$

③ $\dfrac{2}{7}+\dfrac{6}{7}$　　　　　　　　④ $\dfrac{9}{8}+\dfrac{7}{8}$

⑤ $1\dfrac{1}{6}+\dfrac{3}{6}$　　　　　　　　⑥ $1\dfrac{1}{5}+2\dfrac{1}{5}$

❹ 次の計算をしましょう。　　　　　　　　　　　　　　28点（1つ4）

① $\dfrac{6}{5}-\dfrac{2}{5}$　　　　　　　　② $\dfrac{13}{7}-\dfrac{10}{7}$

③ $\dfrac{5}{4}-\dfrac{2}{4}$　　　　　　　　④ $\dfrac{9}{7}-\dfrac{2}{7}$

⑤ $\dfrac{12}{8}-\dfrac{7}{8}$　　　　　　　　⑥ $2-\dfrac{2}{5}$

⑦ $2\dfrac{1}{9}-1\dfrac{5}{9}$

小数のかけ算て、積の小数点はかけられる数と同じ位置になるよ。積の小数点から下の最後の０は消そう。分母が同じ分数のたし算・ひき算は分子どうしを計算するよ。

❶ 次の□にあてはまる数をかきましょう。　　　6点(1つ1)

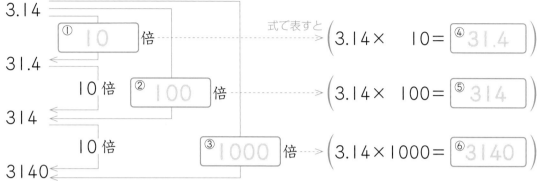

3.14 → ① 10 倍 → 31.4

　　　　　　　式で表すと （3.14× 10 = ④ 31.4）

10倍 ② 100 倍 → 314

　　　　　　　（3.14× 100 = ⑤ 314）

10倍 ③ 1000 倍 → 3140

　　　　　　　（3.14×1000 = ⑥ 3140）

❷ 次の数を 10 倍、100 倍、1000 倍した数をかきましょう。　　36点(1つ2)

① 16　　　 10 倍 （㋐　　　　）　　② 7.26　　 10 倍 （㋐　　　　）

　　　　　 100 倍 （㋑　　　　）　　　　　　　 100 倍 （㋑　　　　）

　　　　 1000 倍 （㋒　　　　）　　　　　　　1000 倍 （㋒　　　　）

③ 8.05　　 10 倍 （㋐　　　　）　　④ 0.283　　 10 倍 （㋐　　　　）

　　　　　 100 倍 （㋑　　　　）　　　　　　　 100 倍 （㋑　　　　）

　　　　 1000 倍 （㋒　　　　）　　　　　　　1000 倍 （㋒　　　　）

⑤ 0.3　　　 10 倍 （㋐　　　　）　　⑥ 0.05　　 10 倍 （㋐　　　　）

　　　　　 100 倍 （㋑　　　　）　　　　　　　 100 倍 （㋑　　　　）

　　　　 1000 倍 （㋒　　　　）　　　　　　　1000 倍 （㋒　　　　）

❸ 次の計算をしましょう。　　　6点(1つ1)

① 2.74×10　　　② 6.2×100　　　③ 45.1×10

④ 0.08×100　　　⑤ 3.96×1000　　　⑥ 0.137×1000

4 次の ☐ にあてはまる数をかきましょう。　　　　　　　　　6点(1つ1)

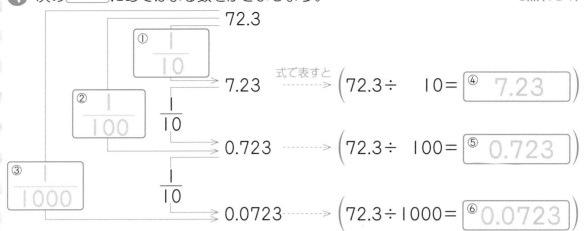

式で表すと $(72.3 \div 10 =$ ④ $7.23)$

$(72.3 \div 100 =$ ⑤ $0.723)$

$(72.3 \div 1000 =$ ⑥ $0.0723)$

5 次の数を $\frac{1}{10}$、$\frac{1}{100}$、$\frac{1}{1000}$ にした数をかきましょう。　　　　36点(1つ2)

① 369　$\frac{1}{10}$ (㋐　　　　)　② 410　$\frac{1}{10}$ (㋐　　　　)

　　　　$\frac{1}{100}$ (㋑　　　　)　　　　　　$\frac{1}{100}$ (㋑　　　　)

　　　　$\frac{1}{1000}$ (㋒　　　　)　　　　　　$\frac{1}{1000}$ (㋒　　　　)

③ 20　$\frac{1}{10}$ (㋐　　　　)　④ 62.5　$\frac{1}{10}$ (㋐　　　　)

　　　　$\frac{1}{100}$ (㋑　　　　)　　　　　　$\frac{1}{100}$ (㋑　　　　)

　　　　$\frac{1}{1000}$ (㋒　　　　)　　　　　　$\frac{1}{1000}$ (㋒　　　　)

⑤ 60.1　$\frac{1}{10}$ (㋐　　　　)　⑥ 7.9　$\frac{1}{10}$ (㋐　　　　)

　　　　$\frac{1}{100}$ (㋑　　　　)　　　　　　$\frac{1}{100}$ (㋑　　　　)

　　　　$\frac{1}{1000}$ (㋒　　　　)　　　　　　$\frac{1}{1000}$ (㋒　　　　)

6 次の計算をしましょう。　　　　　　　　　　　　　10点(1つ2)

① $27.4 \div 10$　　　② $7.3 \div 100$　　　③ $80.2 \div 10$

④ $3.9 \div 1000$　　　⑤ $0.1 \div 100$

10倍、100倍、1000倍すると、小数点は右に移っていくよ。$\frac{1}{10}$、$\frac{1}{100}$、$\frac{1}{1000}$ にすると、小数点は左に移るんだね。小数点がいくつ分移るか考えてね。

4 小数をかける計算

1 次の計算をしましょう。　　　　　　　　　　　48点(1つ2)

① 20×1.4＝20×14÷10＝28　② 5×0.4

③ 30×1.5　　　　　　　　　④ 40×2.3

⑤ 6×1.3　　　　　　　　　⑥ 70×0.5

⑦ 20×3.8　　　　　　　　　⑧ 9×0.6

⑨ 8×1.1　　　　　　　　　⑩ 30×3.3

⑪ 30×0.9　　　　　　　　　⑫ 7×1.2

⑬ 80×0.2　　　　　　　　　⑭ 60×1.4

⑮ 5×1.2　　　　　　　　　⑯ 20×4.5

⑰ 60×2.5　　　　　　　　　⑱ 8×1.5

⑲ 40×0.7　　　　　　　　　⑳ 50×4.2

㉑ 80×1.7　　　　　　　　　㉒ 4×2.5

㉓ 50×5.5　　　　　　　　　㉔ 20×9.4

❷ 次の計算をしましょう。　　　　　　　　　　　　52点（1つ2）

① $1.2 \times 0.3 = 12 \times 3 \div 100 = 0.36$　　② 2.4×0.2

③ 0.8×0.4　　　　　　　　　④ 0.7×0.5

⑤ 0.6×0.9　　　　　　　　　⑥ 2.4×0.3

⑦ 0.5×0.2　　　　　　　　　⑧ 1.2×0.9

⑨ 3.3×0.6　　　　　　　　　⑩ 0.6×0.4

⑪ 0.2×0.8　　　　　　　　　⑫ 1.5×0.9

⑬ 4.2×0.5　　　　　　　　　⑭ 2.3×0.8

⑮ 1.3×0.7　　　　　　　　　⑯ 0.4×0.4

⑰ 1.4×0.03　　　　　　　　⑱ 4.7×0.02

⑲ 5.4×0.04　　　　　　　　⑳ 3.2×0.05

㉑ 21×0.07　　　　　　　　　㉒ 11×0.09

㉓ 12×0.02　　　　　　　　　㉔ 0.2×0.08

㉕ 0.3×0.04　　　　　　　　㉖ 0.4×0.05

小数のかけ算は、整数のかけ算をもとにして計算するよ。かけられる数とかける数を整数にすると、小数点が右にいくつ分移るか考えてね。答えはその分だけ左に移るよ。

5 小数×小数の筆算 ①

❶ 2.4×2.3 の計算を筆算でします。□にあてはまる数をかきましょう。　　4点

```
      2 4        ÷10      2.4       ÷10      2.4 …1けた
    × 2 3     ─────→    × 2 3    ─────→    × 2.3 …1けた
    [7][2]               7 2               7 2
    [4][8]               4 8               4 8
    [5][5][2]   ÷10      5 5.2    ÷10      5.5 2 …2けた
```

小数点がないもの
とみて、計算します。

小数点を左に
1つ移します。

さらに1つ移して、
あわせて2つ移します。

積の小数点から下の
けた数は、かけられる数と
かける数の小数点から
下のけた数の和に
なるんだね。

❷ 次の計算をしましょう。　　36点(1つ4)

①
```
      1.3
    × 3.5
      6 5
    3 9
    4.5 5
```

②
```
      3.2
    × 5.1
```

③
```
      8.3
    × 6.2
```

④
```
      5.4
    × 4.7
```

⑤
```
      0.4 2 …2けた
    ×   3.4 …1けた
      1 6 8
    1 2 6
    1.4 2 8 …3けた
```
小数点を左に
3つ移します。

⑥
```
      0.2 7
    ×   5.6
```

⑦
```
      0.6 1
    ×   2.3
```

⑧
```
      4.8
    × 0.7 1
```

⑨
```
      9.2
    × 0.5 8
```

3 次の計算をしましょう。

①
$$\begin{array}{r} 3.6 \cdots 1けた \\ \times\ 2.5 \cdots 1けた \\ \hline 180 \\ 72 \\ \hline 9.00 \cdots 2けた \end{array}$$
小数点から下の
0を2つとります。

②
$$\begin{array}{r} 2.4 \\ \times\ 4.5 \\ \hline \end{array}$$

③
$$\begin{array}{r} 6.2 \\ \times\ 1.5 \\ \hline \end{array}$$

④
$$\begin{array}{r} 8.5 \\ \times\ 4.6 \\ \hline \end{array}$$

⑤
$$\begin{array}{r} 3.2 \\ \times\ 9.5 \\ \hline \end{array}$$

⑥
$$\begin{array}{r} 4.4 \\ \times\ 7.5 \\ \hline \end{array}$$

⑦
$$\begin{array}{r} 3.2 \cdots 1けた \\ \times\ 0.3 \cdots 1けた \\ \hline 0.96 \cdots 2けた \end{array}$$
小数点の左に
0をつけたします。

⑧
$$\begin{array}{r} 1.5 \\ \times\ 0.6 \\ \hline \end{array}$$

⑨
$$\begin{array}{r} 2.8 \\ \times\ 0.2 \\ \hline \end{array}$$

⑩
$$\begin{array}{r} 1.5 \\ \times\ 0.5 \\ \hline \end{array}$$

⑪
$$\begin{array}{r} 4.2 \\ \times\ 0.2 \\ \hline \end{array}$$

⑫
$$\begin{array}{r} 1.7 \\ \times\ 0.4 \\ \hline \end{array}$$

⑬
$$\begin{array}{r} 12 \\ \times\ 3.14 \cdots 2けた \\ \hline 48 \\ 12 \\ 36 \\ \hline 37.68 \cdots 2けた \end{array}$$

⑭
$$\begin{array}{r} 72 \\ \times\ 2.53 \\ \hline \end{array}$$

⑮
$$\begin{array}{r} 52 \\ \times\ 1.87 \\ \hline \end{array}$$

小数点から下のけた数を考えて、積の小数点をつけるよ。積の小数点から下のけた数は、かけられる数とかける数の小数点から下のけた数の和にするんだね。

6 小数×小数の筆算 ②

1 次の計算をしましょう。 48点(1つ4)

① 　　8.3
　　× 2.3

② 　　7.2
　　× 1.4

③ 　　5.7
　　× 2.9

④ 　　4.7
　　× 5.4

⑤ 　　2.3
　　× 9.2

⑥ 　　6.3
　　× 1.8

⑦ 　　1.4
　　× 7.6

⑧ 　　3.2
　　× 4.8

⑨ 　　8.4
　　× 3.9

⑩ 　　2.8
　　× 2.6

⑪ 　　7.9
　　× 8.5

⑫ 　　5.2
　　× 9.6

❷ 次の計算をしましょう。　　　　　　　　　　　　　　52点(1つ4)

① 　6.4
　× 2.8

② 　8.9
　× 3.4

③ 　2.5
　× 4.3

④ 　5.8
　× 2.6

⑤ 　1.9
　× 7.2

⑥ 　4.5
　× 6.3

⑦ 　9.6
　× 4.2

⑧ 　3.5
　× 3.5

⑨ 　2.8
　× 7.4

⑩ 　7.4
　× 4.7

⑪ 　7.3
　× 8.2

⑫ 　6.5
　× 4.9

⑬ 　5.2
　× 1.9

整数の筆算をもとに考えるよ。かけられる数とかける数の小数点から下のけた数の和
は、2だね。積の小数点の位置に注意しよう。

| 月 | 日 | 時 | 分〜 | 時 | 分 |

名前

点

1 次の計算をしましょう。

48点(1つ4)

①
```
   0.4 3
×    3.2
```

②
```
   0.1 9
×    8.2
```

③
```
   0.4 2
×    5.6
```

④
```
   0.5 2
×    6.4
```

⑤
```
   0.9 7
×    2.8
```

⑥
```
   0.3 4
×    5.7
```

⑦
```
   0.2 9
×    4.7
```

⑧
```
   0.4 5
×    3.5
```

⑨
```
   0.2 5
×    9.5
```

⑩
```
   0.6 6
×    1.8
```

⑪
```
   0.9 7
×    7.3
```

⑫
```
   0.3 6
×    8.7
```

❷ 次の計算をしましょう。　　　　　　　　　　　　　　　　52点(1つ4)

① 7.4
× 0.2 8

② 2.4
× 0.4 3

③ 5.6
× 0.3 8

④ 6.7
× 0.2 5

⑤ 9.2
× 0.4 4

⑥ 8.3
× 0.1 8

⑦ 4.8
× 0.5 7

⑧ 7.7
× 0.6 5

⑨ 2.9
× 0.7 5

⑩ 3.6
× 0.3 9

⑪ 1.8
× 0.9 2

⑫ 4.6
× 0.5 6

⑬ 5.4
× 0.7 3

かけられる数とかける数の小数点から下のけた数の和はいくつかな。積の小数点は、整数の筆算をもとにすると、左に3つ移すよ。

月　日　　時　分〜　時　分

名前

点

1 次の計算をしましょう。

48点(1つ4)

①　　3.5
　×　8.2

②　　4.8 …1けた
　× 0.75 …2けた
　　240
　　336
　　3.6〇〇 …3けた
0をとって 3.6 です。

③　　9.8
　× 0.25

④　　6.4
　×　3.5

⑤　　2.8
　×　4.5

⑥　　5.6
　× 0.85

⑦　　0.5
　×　7.6

⑧　　0.18
　×　6.5

⑨　　0.55
　×　2.6

⑩　　3.8
　×　2.5

⑪　　0.25
　×　4.8

⑫　　0.98
　×　7.5

❷ 次の計算をしましょう。　　　　　　　　　　　　　　　　　52点（1つ4）

① 　　0.2 4 …2けた
　　×0.1 4 …2けた
　　　　9 6
　　　2 4
　　0.0 3 3 6 …4けた
　0をつけたして 0.0336 です。

② 　　0.3 6
　　×0.1 8

③ 　　0.4 7
　　×0.3 2

④ 　　0.2
　　×2.6

⑤ 　　0.0 3
　　×0.3 1

⑥ 　　8.7
　　×0.1

⑦ 　　0.3
　　×2.5

⑧ 　　0.3 4
　　×0.2 9

⑨ 　　0.2 6
　　×0.4 5
　　　1 3 0
　　1 0 4
　　0.1 1 7 0
　最後の0をとって、
　0をつけたします。

⑩ 　　1.3
　　×0.7

⑪ 　　0.2 5
　　×　0.8

⑫ 　　0.4 2
　　×0.0 2

⑬ 　　0.1 5
　　×0.0 5

整数をもとにした筆算で、積のけた数が、かけられる数とかける数の小数点から下の
けた数の和より少ないときは、前に0をつけたしてけたをそろえよう。

16

❶ 次の計算をしましょう。　　　　　　　　　　　　48点(1つ4)

①
```
    7 3
×  1.4 6
```

②
```
      2 5
×  3.2 4  …2けた
  1 0 0
    5 0
  7 5
  8 1.0 0  …2けた
0をとります。
```

③
```
    1 8
×  2.4 6
```

④
```
    4 3
×  8.0 2
```

⑤
```
    4 5
×  5.1 9
```

⑥
```
    1 7
×  9.5 3
```

⑦
```
    6 2
×  7.1 3
```

⑧
```
    2 4
×  3.4 8
```

⑨
```
    3 8
×  6.0 8
```

⑩
```
    2 6
×  5.8 9
```

⑪
```
    7 5
×  1.9 8
```

⑫
```
    5 6
×  4.0 3
```

❷ 次の計算をしましょう。　　　　　　　　　　　　　　　52点(1つ4)

① 　　15
　　×4.27

② 　　27
　　×6.32

③ 　　46
　　×7.02

④ 　　31
　　×9.16

⑤ 　　65
　　×3.34

⑥ 　　92
　　×2.58

⑦ 　　54
　　×5.39

⑧ 　　73
　　×1.85

⑨ 　　48
　　×8.25

⑩ 　　85
　　×4.34

⑪ 　　29
　　×7.56

⑫ 　　67
　　×3.54

⑬ 　　96
　　×1.05

整数のかけ算をもとにして考えよう。かけられる数は整数だから、かける数の小数点
から下のけた数が、積の小数点から下のけた数になるね。

月　日　　時　分〜　時　分

名前

点

1 次の計算をしましょう。　　　　　　　　　　　　48点(1つ4)

①
```
   2.8 4
×    3.7
```

②
```
   5.0 9
×    7.2
```

③
```
   6.3 1
×    4.1
```

④
```
   7.8 3
×    2.6
```

⑤
```
   8.3 6
×    7.5
```

⑥
```
   5.2
× 4.1 6
```

⑦
```
   9.3
× 6.0 7
```

⑧
```
   1.8
× 3.9 4
```

⑨
```
   2.2
× 2.2 2
```

⑩
```
   8.5
× 9.7 4
```

⑪
```
   0.9
× 0.9
```

⑫
```
   0.8
× 0.5
  0.4 0
```

0のあつかいに
気をつけよう。

19

2 次の計算をしましょう。 52点(1つ4)

① 16
× 3.4

② 12
× 0.8

③ 37
× 5.9

④ 20
× 6.4

⑤ 86
× 7.5

⑥ 245
× 3.3

⑦ 412
× 0.6

⑧ 309
× 8.1

⑨ 588
× 1.5

⑩ 234
× 5.6

⑪ 12.3
× 6.28

⑫ 40.7
× 8.03

⑬ 12.5
× 9.52

小数点の位置に注意して、小数点から下の位の0や00、000を消したり、上の位に0をつけて正しい積にしよう。

月 日	時 分〜 時 分
名前	
	点

11 小数×小数の筆算 ⑦

1 次の計算をしましょう。　　　　　　　　　48点(1つ4)

①
```
    4.2
×   1.4
```

②
```
    3.4
×   6.1
```

③
```
    5.5
×   3.7
```

④
```
    6.8
×   6.8
```

⑤
```
    2.5
×   8.3
```

⑥
```
   0.2 3
×    3.3
```

⑦
```
   0.1 7
×    7.6
```

⑧
```
   0.8 9
×    4.5
```

⑨
```
   0.5 3
×    3.6
```

⑩
```
    6.5
× 0.4 9
```

⑪
```
    9.7
× 0.3 2
```

⑫
```
    2.8
× 0.7 4
```

2 次の計算をしましょう。

①
$$\begin{array}{r} 4.5 \\ \times\ 6.2 \\ \hline \end{array}$$

②
$$\begin{array}{r} 8.8 \\ \times\ 5.5 \\ \hline \end{array}$$

③
$$\begin{array}{r} 2.4 \\ \times\ 0.75 \\ \hline \end{array}$$

④
$$\begin{array}{r} 3.6 \\ \times\ 0.65 \\ \hline \end{array}$$

⑤
$$\begin{array}{r} 0.85 \\ \times\ \ \ 9.2 \\ \hline \end{array}$$

⑥
$$\begin{array}{r} 0.25 \\ \times\ \ \ 6.4 \\ \hline \end{array}$$

⑦
$$\begin{array}{r} 0.13 \\ \times\ 0.52 \\ \hline 26\ \ \ \\ 65\ \ \ \ \\ \hline 0.0676 \end{array}$$

0のあつかいに気をつけよう。

⑧
$$\begin{array}{r} 0.35 \\ \times\ 0.78 \\ \hline \end{array}$$

⑨
$$\begin{array}{r} 27 \\ \times\ 4.01 \\ \hline \end{array}$$

⑩
$$\begin{array}{r} 59 \\ \times\ 8.63 \\ \hline \end{array}$$

⑪
$$\begin{array}{r} 84 \\ \times\ 7.25 \\ \hline \end{array}$$

⑫
$$\begin{array}{r} 4.8 \\ \times\ 5.06 \\ \hline \end{array}$$

⑬
$$\begin{array}{r} 255 \\ \times\ \ \ 6.2 \\ \hline \end{array}$$

小数点がないものとして計算しよう。積の小数点から下のけた数は、かけられる数とかける数の小数点から下のけた数の和にするよ。

小数でわる計算

1 次の計算をしましょう。　　　　　　　　　　　　48点(1つ2)

① $84 \div 4.2 = (84 \times 10) \div (4.2 \times 10) = 840 \div 42 = 20$

　　　わる数とわられる数の両方に 10 をかけて、わる数を整数にします。

② $9 \div 1.5$

③ $20 \div 2.5$

④ $49 \div 0.7$

⑤ $6 \div 0.2$

⑥ $14 \div 3.5$

⑦ $12 \div 0.4$

⑧ $7 \div 0.5$

⑨ $48 \div 0.3$

⑩ $81 \div 0.9$

⑪ $58 \div 2.9$

⑫ $88 \div 2.2$

⑬ $7.2 \div 1.2 = (7.2 \times 10) \div (1.2 \times 10)$
　　　　　　$= 72 \div 12 = 6$

⑭ $2.7 \div 0.9$

⑮ $3.2 \div 1.6$

⑯ $4.5 \div 0.5$

⑰ $2.4 \div 0.8$

⑱ $6.5 \div 2.6 = (6.5 \times 10) \div (2.6 \times 10)$
　　　　　$= 65 \div 26 = 2.5$

⑲ $4.2 \div 1.2$

⑳ $7.8 \div 1.5$

㉑ $9.9 \div 2.2$

㉒ $6.3 \div 4.2$

㉓ $9.1 \div 3.5$

㉔ $1.8 \div 1.5$

❷ 次の計算をしましょう。　　　　　　　　　　　　　　　

① $0.4 \div 0.8 = (0.4 \times 10) \div (0.8 \times 10)$
　　　　　　　$= 4 \div 8 = 0.5$
② $0.3 \div 0.5$

③ $0.75 \div 2.5$　　　　　　④ $0.54 \div 0.6$

⑤ $0.6 \div 0.4$　　　　　　⑥ $0.4 \div 0.5$

⑦ $0.24 \div 1.2$　　　　　　⑧ $0.32 \div 0.8$

⑨ $0.7 \div 0.2$　　　　　　⑩ $0.78 \div 2.6$

⑪ $0.35 \div 0.7$　　　　　　⑫ $0.72 \div 0.8$

⑬ $0.98 \div 1.4$　　　　　　⑭ $0.68 \div 1.7$

⑮ $1.4 \div 0.07 = (1.4 \times 100) \div (0.07 \times 100)$
　　　　　　　$= 140 \div 7 = 20$
⑯ $0.06 \div 0.02$

⑰ $0.1 \div 0.05$　　　　　　⑱ $9.6 \div 0.03$

⑲ $1.2 \div 0.04$　　　　　　⑳ $3.6 \div 0.06$

㉑ $0.08 \div 0.02$　　　　　　㉒ $0.03 \div 0.05$

㉓ $0.01 \div 0.05$　　　　　　㉔ $0.084 \div 0.06$

㉕ $0.02 \div 0.04$　　　　　　㉖ $0.14 \div 0.07$

24 小数どうしのわり算は、わる数を10倍、100倍して整数にして、同じ数をわられる数にかけてから計算するよ。わる数を10倍したら、わられる数も10倍しよう。

13 小数÷小数の筆算 ①

| 月 | 日 | 時 | 分〜 | 時 | 分 |

名前

点

1 5.46÷4.2 のわり算を筆算でします。□にあてはまる数をかきましょう。　　4点

$$4.2\overline{)5.46} \quad \Rightarrow \quad 4.2\overline{)5.4.6} \quad \Rightarrow \quad 4.2\overline{)5.4.6}$$

10倍　　10倍

わる数を 10 倍します。
わられる数も 10 倍します。

```
        1 . 3
 4 2 ) 5 4 . 6
       4 2
       1 2 6
       1 2 6
           0
```

わる数とわられる数の
小数点を同じけた数
だけ右に移せば
いいんだね。

2 次の計算をしましょう。　　　　　　　　　　　　　　　　36点(1つ4)

① $2.6\overline{)8.32}$　　　② $3.2\overline{)6.72}$　　　③ $1.9\overline{)6.65}$

④ $7.4\overline{)8.88}$　　　⑤ $2.6\overline{)5.98}$　　　⑥ $1.3\overline{)4.68}$

⑦ $2.4\overline{)15.36}$　　　⑧ $5.2\overline{)19.24}$　　　⑨ $2.8\overline{)90.72}$

25

3 次の計算をしましょう。

①
$$0.26 \overline{)1.56}$$
商: 6
100倍 ← → 100倍
156
0

小数点を右に2つ移します。

②
$$0.38 \overline{)3.42}$$

③
$$0.24 \overline{)8.64}$$

④
$$0.72 \overline{)5.76}$$

⑤
$$0.04 \overline{)2.32}$$

⑥
$$0.07 \overline{)3.01}$$

⑦
$$0.43 \overline{)2.58}$$

⑧
$$0.03 \overline{)13.80}$$
商: 460
100倍 ← → 100倍
12
18
18
0

わられる数に0をつけたします。

⑨
$$0.04 \overline{)55.2}$$

⑩
$$0.18 \overline{)8.1}$$

⑪
$$0.25 \overline{)21}$$

⑫
$$0.09 \overline{)42.3}$$

⑬
$$0.38 \overline{)57}$$

⑭
$$0.45 \overline{)27}$$

⑮
$$0.26 \overline{)1.3}$$

わる数を整数にして計算するよ。小数点を右にいくつ分移すか考えてね。商の小数点は、わられる数の移した小数点にそろえてうつよ。

14 小数÷小数の筆算 ②

① 2.59÷7.4 をわり切れるまで計算します。□にあてはまる数をかきましょう。4点

$$7.4\overline{)2.5\,9} \quad \Rightarrow \quad 7.4\overline{)2.5.9} \quad \Rightarrow \quad 7.4\overline{)2.5.9}$$

10倍　10倍

```
        0.35
7.4 ) 2.5.9
      2 2 2
        3 7 0   ←0をつけたします。
        3 7 0
            0
```

わり切れるまで
計算するには、
わられる数や余りに
0 をつけたして
わり進めるよ。

② わり切れるまで計算しましょう。　　　　　　　　　　36点(1つ4)

①
$$3.5\overline{)2.1\,7}$$

②
$$3.8\overline{)1.7\,1}$$

③
$$2.4\overline{)9.9\,6}$$

④
$$6.4\overline{)6.0\,8}$$

⑤
$$9.5\overline{)5.8\,9}$$

⑥
$$4.5\overline{)7.2}$$

⑦
$$8.5\overline{)6.4\,6}$$

⑧
$$2.4\overline{)8.4}$$

⑨
$$7.5\overline{)9.4\,5}$$

3 わり切れるまで計算しましょう。

①
$$7.5\overline{)9.0}$$
$$1.2$$
75
150
150
0

② $0.8\overline{)5}$

③ $3.2\overline{)12}$

④ $2.4\overline{)9}$

⑤ $5.6\overline{)7}$

⑥ $0.4\overline{)5}$

⑦ $1.2\overline{)3}$

⑧ $2.5\overline{)54}$

⑨ $3.2\overline{)28}$

⑩
$$2.15\overline{)5.16}$$
$$2.4$$
430
860
860
0

⑪ $1.64\overline{)2.46}$

⑫ $3.75\overline{)4.5}$

⑬ $5.25\overline{)8.4}$

⑭ $2.05\overline{)3.69}$

⑮ $1.25\overline{)4.25}$

わる数を 10 倍、100 倍して整数にしてから計算するよ。
前に学習した整数÷整数でわり切れるまで計算するときの復習をしよう。

15 小数÷小数の筆算 ③

① 4.8÷0.9 の商を、四捨五入して、$\frac{1}{10}$ の位までの概数で表しましょう。　5点

$$0.9\overline{)4.8} \quad \Rightarrow \quad 0.9\overline{)4.8} \quad \Rightarrow \quad \begin{array}{r} 5.3\,3\cdots \\ 0.9\overline{)4.8} \\ \underline{45} \\ 30 \\ \underline{27} \\ 30 \\ \underline{27} \\ \vdots \end{array}$$

商を四捨五入して $\frac{1}{10}$ の位までの概数で表すには、$\frac{1}{100}$ の位を四捨五入すればいいよ。

(5.3)

② 商を、四捨五入して、$\frac{1}{10}$ の位までの概数で表しましょう。　35点(1つ5)

① $0.7\overline{)2.9}$

② $0.6\overline{)4.7}$

③ $0.9\overline{)57}$

(　　　)　　　(　　　)　　　(　　　)

④ $0.35\overline{)8}$

⑤ $3.6\overline{)9.37}$

⑥ $2.8\overline{)6.84}$

(　　　)　　　(　　　)　　　(　　　)

⑦ $2.6\overline{)7}$

(　　　)

❸ 商を、四捨五入して、$\frac{1}{10}$ の位までの概数で表しましょう。　　

① 4÷1.8　　　　② 1.25÷4.4　　　　③ 5.24÷3.1

(　　　)　　　　　　(　　　)　　　　　　(　　　)

④ 3.56÷0.23　　　⑤ 7÷0.19　　　　⑥ 9.08÷0.46

(　　　)　　　　　　(　　　)　　　　　　(　　　)

⑦ 8.96÷4.2　　　　⑧ 5.49÷0.68　　　⑨ 47÷0.7

(　　　)　　　　　　(　　　)　　　　　　(　　　)

⑩ 5.36÷0.82

(　　　)

わり算では、わり切れなかったり、けた数が多くなるときには、商を概数で表すことがあるよ。概数は、求める位の1つ下の位まで計算して四捨五入するんだね。

16 小数÷小数の筆算 ④

1 15÷3.2 の商を、一の位まで求め、余りをかきましょう。　5点

```
      4
3.2)15.0   ←0をつけたします。
   12 8
    2 2
```

余りの小数点は、
わられる数のもと
の小数点の位置と
同じです。

> 確かめは、
> わる数×商＋余り＝わられる数
> だね。
> 3.2×4＋2.2＝15

商　(4)　余り(2.2)

2 商を一の位まで求め、余りをかきましょう。　35点(1つ5)

① 17÷2.9

商 ( )

余り ( )

② 39÷4.2

商 ( )

余り ( )

③ 26.3÷3.6

商 ( )

余り ( )

④ 35÷1.3

商 ( )

余り ( )

⑤ 9.36÷2.7

商 ( )

余り ( )

⑥ 62.8÷5.2

```
       1 2
5.2)6 2.8
    5 2
    1 0 8
    1 0 4
      0 4
```
↑
0 をつけたします。

商 ( )

余り ( )

⑦ 6.75÷1.4

商 ( )

余り ( )

3 商を一の位まで求め、余りをかきましょう。 60点（1つ6）

① 14÷3.6

商（ ）

余り（ ）

② 60÷5.4

商（ ）

余り（ ）

③ 4.58÷1.2

商（ ）

余り（ ）

④ 88.5÷6.3

商（ ）

余り（ ）

⑤ 3.46÷0.9

商（ ）

余り（ ）

⑥ 69.7÷4.5

商（ ）

余り（ ）

⑦ 8.58÷1.8

商（ ）

余り（ ）

⑧ 91÷3.2

商（ ）

余り（ ）

⑨ 42.6÷6.2

商（ ）

余り（ ）

⑩ 5.77÷0.5

商（ ）

余り（ ）

小数のわり算は、整数のわり算と同じように計算できるけど、余りの小数点の位置はわられる数のもとの小数点と同じところになるので注意しよう。

月 日　時 分～ 時 分

名前

点

❶ 23.1÷0.7 のわり算を筆算でします。□にあてはまる数をかきましょう。　5点

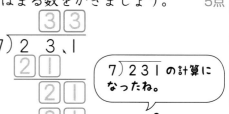

$$0.7 \overline{)23.1} \quad \Rightarrow \quad 0.7 \overline{)23.1} \quad \Rightarrow$$

10倍　10倍

7) 2 3 1 の計算になったね。

❷ 次の計算をしましょう。②③⑤⑦はわり切れるまで計算しましょう。　35点(1つ5)

①
$$0.6 \overline{)9.6}$$

②
$$0.4 \overline{)0.6}$$

③
$$2.6 \overline{)22.1}$$

④
$$5.3 \overline{)37.1}$$

⑤
$$34.5 \overline{)27.6}$$

⑥
$$0.3 \overline{)5.67}$$

⑦
$$2.5 \overline{)12.7}$$

❸ 商を、四捨五入して、上から2けたの概数で表しましょう。　　　　30点(1つ6)

①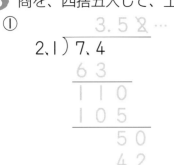

商を四捨五入して上から
2けたの概数で表すには、
上から3けための数を
四捨五入すればいいよ。

②
$$3.3\overline{)5.9}$$

(　　　　　)　　　　　　　　　　　　(　　　　　)

③
$$8.2\overline{)4.6}$$
```
   0.5 6 0
8,2)4,6 0
   4 1 0
     5 0 0
     4 9 2
         8 0
```

④
$$8.9\overline{)6.9}$$

⑤
$$5.5\overline{)3\,0.7}$$

一の位の0はけた
数にいれません。 (　　　　　)　　　　(　　　　　)　　　　(　　　　　)

❹ 商を一の位まで求め、余りをかきましょう。　　　　30点(1つ5)

① 8.7÷2.3　　　　商 (　　　　　)　　　② 7.4÷1.5　　　　商 (　　　　　)

　　　　　　　　　余り(　　　　　)　　　　　　　　　　　　余り(　　　　　)

③ 9.9÷3.2　　　　商 (　　　　　)　　　④ 260÷4.8　　　　商 (　　　　　)

　　　　　　　　　余り(　　　　　)　　　　　　　　　　　　余り(　　　　　)

⑤ 861÷6.6　　　　商 (　　　　　)　　　⑥ 653÷7.2　　　　商 (　　　　　)
```
     1 3 0
6,6)8 6 1,0
    6 6
    2 0 1
    1 9 8
        3 0
```
　　　　　　　　　余り(　　　　　)　　　　　　　　　　　　余り(　　　　　)

↑
0 はとります。

余りの小数点の位置は、わられる数のもとの小数点の位置と同じになるよ。商と余り
があっているか、確かめもしよう。

月 日　時 分〜 時 分

名前

点

❶ 次の計算をしましょう。　　　　　　48点(1つ4)

① 2.9)6.9 6

② 4.8)8.6 4

③ 5.2)1 8.7 2

④ 6.3)2 0.1 6

⑤ 3.9)8 3.4 6

⑥ 2.6)7.0 2

⑦ 0.5 7)1.7 1

⑧ 0.0 9)7.6 5

⑨ 0.2 2)5.5

⑩ 0.0 2)1 4.2

⑪ 0.7 5)6 0

⑫ 0.2 6)6 5

❷ わり切れるまで計算しましょう。 　　　　　　　　　　　52点（1つ4）

① 4.6〉2.9 9

② 5.5〉4.0 7

③ 1.5〉2.4 6

④ 3.8〉9.3 1

⑤ 3.5〉9.8

⑥ 0.8〉7

⑦ 7.2〉9

⑧ 5.6〉3 5

⑨ 4.5 5〉8.1 9

⑩ 6.2 8〉9.4 2

⑪ 3.6 5〉8.0 3

⑫ 1.7 5〉5.6

⑬ 2.3 6〉5.9

わる数とわられる数の小数点を同じけた数だけ右に移し、わる数を整数にして計算するよ。商の小数点は、わられる数の移した小数点にそろえてうとう。

1 商を、四捨五入して、$\frac{1}{10}$ の位までの概数で表しましょう。 40点(1つ5)

① 0.7)8.1

② 0.6)5.5

③ 2.6)30

(　) 　 (　) 　 (　)

④ 0.49)6

⑤ 0.44)24

⑥ 6.1)7.36

(　) 　 (　) 　 (　)

⑦ 0.89)4.51

⑧ 0.38)9.09

(　) 　 (　)

2 商を一の位まで求め、余りをかきましょう。

① 28÷4.3

商 （　　　　）

余り（　　　　）

② 52÷2.9

商 （　　　　）

余り（　　　　）

③ 40÷6.8

商 （　　　　）

余り（　　　　）

④ 24.9÷3.1

商 （　　　　）

余り（　　　　）

⑤ 76.5÷5.4

商 （　　　　）

余り（　　　　）

⑥ 80.2÷9.6

商 （　　　　）

余り（　　　　）

⑦ 3.57÷1.8

商 （　　　　）

余り（　　　　）

⑧ 1.79÷0.6

商 （　　　　）

余り（　　　　）

⑨ 5.9÷2.5

商 （　　　　）

余り（　　　　）

⑩ 300÷8.7

商 （　　　　）

余り（　　　　）

商を概数で表すときも、商を一の位まで求め、余りを出すときも、小数÷小数の計算はわる数を整数にしてからするよ。余りの小数点の位置には十分注意しよう。

月　日　目標時間 **15** 分

名前

点

1 次の計算をしましょう。　　　　　　　　　　　　16点(1つ2)

① 30×1.3　　　② 50×3.5　　　③ 5×4.2

④ 4.6×0.3　　　⑤ 0.9×3.2　　　⑥ 0.5×0.9

⑦ 8.7×0.02　　　⑧ 0.7×0.03

2 次の計算をしましょう。　　　　　　　　　　　　18点(1つ3)

①　　　1.6
　　　×2.4

②　　　4.9
　　　×3.8

③　　　0.32
　　　×　4.6

④　　　6.5
　　　×7.2

⑤　　　0.7
　　　×1.3

⑥　　　20
　　　×3.14

3 次の計算を筆算でしましょう。　　　　　　　　　12点(1つ4)

① 1.2×3.4　　　② 4.5×5.02　　　③ 0.38×0.37

4 次の計算をしましょう。　　　　　　　　　　　　　　　　　　12点(1つ2)

① 9÷0.2　　　② 4÷0.5　　　③ 27÷0.9

④ 6.2÷3.1　　⑤ 7.5÷0.3　　⑥ 0.63÷0.7

5 わり切れるまで計算しましょう。　　　　　　　　　　　　18点(1つ3)

①　　　　　　　　　②　　　　　　　　　③
　8.7)26.1　　　9.6)11.52　　　6.5)52

④　　　　　　　　　⑤　　　　　　　　　⑥
　9.5)58.9　　　3.8)1.9　　　1.25)8.5

6 商を、四捨五入して、$\frac{1}{10}$ の位までの概数で表しましょう。　　12点(1つ4)

① 39÷4.2　　　② 7.01÷0.8　　　③ 2.5÷5.7

（　　　）　　　（　　　）　　　（　　　）

7 商を一の位まで求め、余りをかきましょう。　　　　　　　12点(1つ4)

①　　　　　　　　　②　　　　　　　　　③
　3.1)26.8　　　0.9)7.5　　　3.7)49.3

商（　　　）　　商（　　　）　　商（　　　）

余り（　　　）　余り（　　　）　余り（　　　）

40

月　日　　時　分～　時　分

名前

点

1 等しい分数をつくります。□にあてはまる数をかきましょう。　18点(1つ1)

① $\dfrac{2}{3} = \dfrac{4}{6} = \dfrac{6}{9} = \dfrac{8}{12}$

分母を2倍すれば、分子も2倍します。

② $\dfrac{3}{5} = \dfrac{9}{\Box} = \dfrac{\Box}{20} = \dfrac{21}{\Box}$

③ $\dfrac{24}{30} = \dfrac{12}{15} = \dfrac{8}{10} = \dfrac{4}{5}$

$\dfrac{▲}{■} = \dfrac{▲÷●}{■÷●}$

分母を2でわれば、分子も2でわります。

④ $\dfrac{12}{36} = \dfrac{6}{\Box} = \dfrac{4}{\Box} = \dfrac{\Box}{3}$

⑤ $\dfrac{\Box}{8} = \dfrac{6}{16} = \dfrac{\Box}{32} = \dfrac{30}{\Box}$

⑥ $\dfrac{36}{\Box} = \dfrac{\Box}{24} = \dfrac{6}{8} = \dfrac{3}{\Box}$

2 次の分数に等しい分数を2つずつかきましょう。　32点(1つ2)

① $\dfrac{1}{4}$　(　　　)(　　　)　② $\dfrac{2}{5}$　(　　　)(　　　)

③ $\dfrac{3}{7}$　(　　　)(　　　)　④ $\dfrac{6}{10}$　(　　　)(　　　)

⑤ $\dfrac{4}{8}$　(　　　)(　　　)　⑥ $\dfrac{9}{12}$　(　　　)(　　　)

⑦ $\dfrac{5}{15}$　(　　　)(　　　)　⑧ $\dfrac{10}{100}$　(　　　)(　　　)

3 次の分数を約分しましょう。

① $\dfrac{2}{8}$

② $\dfrac{3}{9}$

③ $\dfrac{10}{12}$

( )　　　　( )　　　　( )

④ $\dfrac{7}{14}$

⑤ $\dfrac{2}{6}$

⑥ $\dfrac{5}{10}$

( )　　　　( )　　　　( )

⑦ $\dfrac{16}{30}$

⑧ $\dfrac{21}{35}$

⑨ $\dfrac{4}{8}$

( )　　　　( )　　　　( )

⑩ $\dfrac{30}{35}$

⑪ $\dfrac{3}{24}$

⑫ $\dfrac{8}{12}$

( )　　　　( )　　　　( )

⑬ $\dfrac{10}{15}$

⑭ $\dfrac{4}{16}$

⑮ $\dfrac{6}{30}$

( )　　　　( )　　　　( )

⑯ $\dfrac{30}{36}$

⑰ $\dfrac{16}{24}$

⑱ $\dfrac{9}{45}$

( )　　　　( )　　　　( )

⑲ $\dfrac{6}{27}$

⑳ $\dfrac{45}{60}$

㉑ $\dfrac{4}{20}$

( )　　　　( )　　　　( )

㉒ $\dfrac{27}{81}$

㉓ $\dfrac{36}{48}$

㉔ $\dfrac{60}{90}$

( )　　　　( )　　　　( )

㉕ $\dfrac{60}{80}$

( )

約分するときは、ふつう、分母をできるだけ小さくするよ。
分母と分子の最大公約数でわると、かんたんに約分できるね。

名前

月 日　時 分〜 時 分

点

1 次の分数を通分しましょう。

分母の2と3の最小公倍数は、6だね。

① $\frac{1}{2}$、$\frac{2}{3}$

$\left(\frac{3}{6}、\frac{4}{6} \right)$

② $\frac{3}{4}$、$\frac{2}{5}$

(　　　)

③ $\frac{3}{5}$、$\frac{1}{2}$

(　　　)

④ $\frac{1}{4}$、$\frac{1}{3}$

(　　　)

⑤ $\frac{4}{5}$、$\frac{2}{3}$

(　　　)

⑥ $\frac{3}{7}$、$\frac{2}{5}$

(　　　)

⑦ $\frac{3}{4}$、$\frac{7}{10}$

(　　　)

⑧ $\frac{1}{4}$、$\frac{5}{6}$

(　　　)

⑨ $\frac{1}{6}$、$\frac{3}{8}$

(　　　)

⑩ $\frac{5}{9}$、$\frac{5}{6}$

(　　　)

⑪ $\frac{7}{12}$、$\frac{1}{6}$

(　　　)

⑫ $\frac{3}{10}$、$\frac{4}{15}$

(　　　)

⑬ $\frac{11}{16}$、$\frac{3}{4}$

(　　　)

⑭ $\frac{8}{15}$、$\frac{7}{10}$

(　　　)

⑮ $\frac{5}{8}$、$\frac{4}{5}$

(　　　)

⑯ $\frac{5}{18}$、$\frac{7}{24}$

(　　　)

⑰ $\frac{9}{16}$、$\frac{13}{32}$

(　　　)

⑱ $\frac{3}{5}$、$\frac{7}{8}$、$\frac{9}{10}$

(　　　)

❷ 次の分数を通分して、大きいほうに○をつけましょう。

① $\dfrac{3}{4}$、$\dfrac{4}{5}$ $\left(\dfrac{15}{20}、\dfrac{16}{20}\right)$ ② $\dfrac{2}{3}$、$\dfrac{4}{7}$ (   )

☐ ◯   ☐ ☐

③ $\dfrac{5}{6}$、$\dfrac{3}{5}$ (   )   ④ $\dfrac{5}{8}$、$\dfrac{7}{10}$ (   )

☐ ☐   ☐ ☐

⑤ $\dfrac{8}{9}$、$\dfrac{2}{3}$ (   )   ⑥ $\dfrac{3}{4}$、$\dfrac{1}{2}$ (   )

☐ ☐   ☐ ☐

⑦ $\dfrac{7}{9}$、$\dfrac{8}{15}$ (   )   ⑧ $\dfrac{7}{10}$、$\dfrac{4}{5}$ (   )

☐ ☐   ☐ ☐

⑨ $\dfrac{1}{3}$、$\dfrac{4}{17}$ (   )   ⑩ $\dfrac{29}{48}$、$\dfrac{13}{24}$ (   )

☐ ☐   ☐ ☐

⑪ $\dfrac{1}{4}$、$\dfrac{3}{14}$ (   )   ⑫ $\dfrac{5}{7}$、$\dfrac{5}{6}$ (   )

☐ ☐   ☐ ☐

⑬ $\dfrac{7}{45}$、$\dfrac{2}{9}$ (   )   ⑭ $\dfrac{9}{14}$、$\dfrac{1}{3}$ (   )

☐ ☐   ☐ ☐

⑮ $\dfrac{11}{18}$、$\dfrac{3}{4}$ (   )   ⑯ $\dfrac{8}{9}$、$\dfrac{11}{12}$ (   )

☐ ☐   ☐ ☐

分数を通分するときは、ふつう、分母の最小公倍数を分母にするよ。
分母が同じ分数では、分子が大きいほど分数は大きくなるね。

月　日　時　分〜　時　分

名前

点

❶　次の計算をしましょう。　　　　　　　　　　　　　　　　48点(1つ4)

① $\dfrac{2}{3}+\dfrac{1}{5}=\dfrac{10}{15}+\dfrac{3}{15}$

　　　　　$=\dfrac{13}{15}$

分母のちがう分数の
たし算は、通分してから
計算するよ。

② $\dfrac{1}{4}+\dfrac{1}{3}$

③ $\dfrac{2}{5}+\dfrac{1}{6}$

④ $\dfrac{1}{4}+\dfrac{2}{7}$

⑤ $\dfrac{1}{5}+\dfrac{3}{8}$

⑥ $\dfrac{5}{9}+\dfrac{3}{7}$

⑦ $\dfrac{3}{8}+\dfrac{1}{6}$

⑧ $\dfrac{3}{11}+\dfrac{3}{8}$

⑨ $\dfrac{5}{12}+\dfrac{3}{10}$

⑩ $\dfrac{1}{6}+\dfrac{5}{12}$

⑪ $\dfrac{1}{3}+\dfrac{4}{9}$

⑫ $\dfrac{7}{18}+\dfrac{2}{27}$

❷ 次の計算をしましょう。

① $\dfrac{3}{4}+\dfrac{1}{5}$

② $\dfrac{3}{5}+\dfrac{3}{8}$

③ $\dfrac{1}{7}+\dfrac{5}{6}$

④ $\dfrac{3}{8}+\dfrac{5}{12}$

⑤ $\dfrac{1}{20}+\dfrac{5}{8}$

⑥ $\dfrac{9}{14}+\dfrac{5}{21}$

⑦ $\dfrac{3}{4}+\dfrac{1}{10}$

⑧ $\dfrac{7}{12}+\dfrac{2}{15}$

⑨ $\dfrac{1}{9}+\dfrac{5}{6}$

⑩ $\dfrac{3}{7}+\dfrac{1}{8}$

⑪ $\dfrac{5}{21}+\dfrac{2}{7}$

⑫ $\dfrac{3}{10}+\dfrac{1}{3}$

⑬ $\dfrac{1}{3}+\dfrac{8}{15}$

分母が同じ分数になおしてから計算しよう。通分の考え方が役に立つよ。分母の最小公倍数で、分母をそろえるよ。

24 分数のたし算 ②

月 日	時 分～ 時 分
名前	
	点

❶ 次の計算をしましょう。　　　　　　　　　48点(1つ4)

① $\dfrac{1}{6}+\dfrac{3}{10}=\dfrac{5}{30}+\dfrac{9}{30}$

$\qquad\qquad\quad =\dfrac{14}{30}=\dfrac{7}{15}$

答えが約分
できるとき
は、約分し
ます。

6と10の最小公倍数30
を分母にすればいいね。

② $\dfrac{1}{4}+\dfrac{1}{12}$

③ $\dfrac{1}{2}+\dfrac{1}{6}$

④ $\dfrac{5}{12}+\dfrac{1}{3}$

⑤ $\dfrac{2}{5}+\dfrac{4}{15}$

⑥ $\dfrac{1}{4}+\dfrac{3}{20}$

⑦ $\dfrac{18}{35}+\dfrac{1}{5}$

⑧ $\dfrac{1}{6}+\dfrac{7}{12}$

⑨ $\dfrac{1}{6}+\dfrac{5}{18}$

⑩ $\dfrac{7}{24}+\dfrac{1}{3}$

⑪ $\dfrac{3}{10}+\dfrac{8}{15}$

⑫ $\dfrac{5}{12}+\dfrac{5}{24}$

① $\dfrac{3}{14} + \dfrac{2}{7}$

② $\dfrac{9}{20} + \dfrac{3}{10}$

③ $\dfrac{2}{3} + \dfrac{1}{21}$

④ $\dfrac{5}{9} + \dfrac{5}{18}$

⑤ $\dfrac{5}{6} + \dfrac{1}{14}$

⑥ $\dfrac{1}{5} + \dfrac{2}{15}$

⑦ $\dfrac{5}{24} + \dfrac{2}{3}$

⑧ $\dfrac{7}{18} + \dfrac{1}{6}$

⑨ $\dfrac{7}{8} + \dfrac{1}{24}$

⑩ $\dfrac{1}{3} + \dfrac{7}{15}$

⑪ $\dfrac{2}{15} + \dfrac{7}{10}$

⑫ $\dfrac{9}{20} + \dfrac{2}{15}$

⑬ $\dfrac{2}{35} + \dfrac{3}{10}$

答えが約分できるかどうかは、公約数の考え方を使うよ。約分は、分母と分子の最大公約数で、分母と分子をわればいいんだね。

25 分数のたし算 ③

❶ 次の計算をしましょう。　　　　　　　　　　　48点（1つ4）

① $\dfrac{1}{3} + \dfrac{4}{5} = \dfrac{5}{15} + \dfrac{12}{15}$

$= \dfrac{17}{15} \left(1\dfrac{2}{15} \right)$

答えが仮分数になるときは、帯分数で表してもいいよ。

② $\dfrac{3}{4} + \dfrac{5}{8}$

③ $\dfrac{5}{6} + \dfrac{1}{4}$

④ $\dfrac{7}{9} + \dfrac{11}{12}$

⑤ $\dfrac{41}{45} + \dfrac{1}{5} = \dfrac{41}{45} + \dfrac{9}{45}$

$= \dfrac{\overset{10}{\cancel{50}}}{\underset{9}{\cancel{45}}} = \dfrac{10}{9} \left(1\dfrac{1}{9} \right)$

⑥ $\dfrac{5}{7} + \dfrac{13}{21}$

⑦ $\dfrac{7}{10} + \dfrac{7}{15}$

⑧ $\dfrac{3}{2} + \dfrac{1}{4}$

⑨ $\dfrac{1}{6} + \dfrac{9}{5}$

⑩ $\dfrac{11}{3} + \dfrac{1}{2}$

⑪ $\dfrac{5}{12} + \dfrac{19}{18}$

⑫ $\dfrac{7}{4} + \dfrac{4}{7}$

❷ 次の計算をしましょう。　　　　　　　　　　　　　　52点(1つ4)

① $\dfrac{2}{15} + \dfrac{6}{5}$

② $\dfrac{25}{24} + \dfrac{7}{12}$

③ $\dfrac{4}{35} + \dfrac{11}{10}$

④ $\dfrac{23}{20} + \dfrac{14}{15}$

⑤ $\dfrac{8}{5} + \dfrac{9}{4}$

⑥ $\dfrac{5}{3} + \dfrac{3}{2}$

⑦ $\dfrac{21}{8} + \dfrac{21}{16}$

⑧ $\dfrac{7}{6} + \dfrac{14}{9}$

⑨ $\dfrac{10}{3} + \dfrac{13}{6}$

⑩ $\dfrac{10}{7} + \dfrac{15}{14}$

⑪ $\dfrac{28}{15} + \dfrac{9}{5}$

⑫ $\dfrac{25}{6} + \dfrac{25}{18}$

⑬ $\dfrac{21}{20} + \dfrac{13}{12}$

分母のちがう分数のたし算は、通分してから計算するよ。答えが約分できるときは、
約分しておこう。

50

分数のひき算 ①

❶ 次の計算をしましょう。　　　　　　　　　　　　48点(1つ4)

① $\dfrac{5}{6} - \dfrac{3}{4} = \dfrac{10}{12} - \dfrac{9}{12}$

$= \dfrac{1}{12}$

6と4の最小公倍数を
分母にするんだね。

② $\dfrac{2}{3} - \dfrac{1}{5}$

③ $\dfrac{3}{4} - \dfrac{2}{3}$

④ $\dfrac{4}{5} - \dfrac{5}{9}$

⑤ $\dfrac{7}{8} - \dfrac{2}{3}$

⑥ $\dfrac{2}{3} - \dfrac{3}{5}$

⑦ $\dfrac{7}{12} - \dfrac{1}{5}$

⑧ $\dfrac{3}{4} - \dfrac{3}{8}$

⑨ $\dfrac{2}{3} - \dfrac{1}{9}$

⑩ $\dfrac{7}{8} - \dfrac{3}{4}$

⑪ $\dfrac{3}{4} - \dfrac{7}{10}$

⑫ $\dfrac{9}{14} - \dfrac{2}{7}$

① $\dfrac{9}{16} - \dfrac{3}{8}$

② $\dfrac{7}{8} - \dfrac{1}{12}$

③ $\dfrac{5}{14} - \dfrac{1}{4}$

④ $\dfrac{5}{6} - \dfrac{7}{9}$

⑤ $\dfrac{10}{13} - \dfrac{2}{3}$

⑥ $\dfrac{7}{9} - \dfrac{5}{7}$

⑦ $\dfrac{5}{8} - \dfrac{1}{3}$

⑧ $\dfrac{11}{15} - \dfrac{1}{9}$

⑨ $\dfrac{9}{10} - \dfrac{3}{8}$

⑩ $\dfrac{17}{21} - \dfrac{11}{14}$

⑪ $\dfrac{1}{2} - \dfrac{5}{12}$

⑫ $\dfrac{21}{22} - \dfrac{3}{4}$

⑬ $\dfrac{9}{14} - \dfrac{4}{7}$

分母のちがう分数のひき算も通分してから計算するよ。

分数のひき算 ②

❶　次の計算をしましょう。　　　　　　　　　　　　　48点（1つ4）

① $\dfrac{5}{6} - \dfrac{1}{3} = \dfrac{5}{6} - \dfrac{2}{6}$

$\quad\quad\quad = \dfrac{3}{6} = \dfrac{1}{2}$

6と3の最小公倍数は、6だね。答えの約分もするんだよ。

② $\dfrac{1}{3} - \dfrac{1}{12}$

③ $\dfrac{1}{2} - \dfrac{1}{6}$

④ $\dfrac{7}{9} - \dfrac{7}{36}$

⑤ $\dfrac{5}{6} - \dfrac{1}{10}$

⑥ $\dfrac{7}{12} - \dfrac{1}{4}$

⑦ $\dfrac{7}{8} - \dfrac{1}{40}$

⑧ $\dfrac{4}{7} - \dfrac{1}{14}$

⑨ $\dfrac{2}{3} - \dfrac{5}{12}$

⑩ $\dfrac{3}{10} - \dfrac{5}{18}$

⑪ $\dfrac{3}{4} - \dfrac{3}{20}$

⑫ $\dfrac{7}{15} - \dfrac{1}{6}$

❷ 次の計算をしましょう。　　　　　　　　　　　　　52点（1つ4）

① $\dfrac{13}{18} - \dfrac{2}{9}$

② $\dfrac{4}{15} - \dfrac{1}{6}$

③ $\dfrac{5}{6} - \dfrac{7}{10}$

④ $\dfrac{3}{4} - \dfrac{5}{12}$

⑤ $\dfrac{1}{6} - \dfrac{1}{14}$

⑥ $\dfrac{28}{45} - \dfrac{2}{9}$

⑦ $\dfrac{5}{6} - \dfrac{5}{18}$

⑧ $\dfrac{5}{7} - \dfrac{1}{21}$

⑨ $\dfrac{4}{5} - \dfrac{3}{10}$

⑩ $\dfrac{7}{12} - \dfrac{2}{15}$

⑪ $\dfrac{9}{20} - \dfrac{1}{5}$

⑫ $\dfrac{7}{8} - \dfrac{1}{24}$

⑬ $\dfrac{5}{21} - \dfrac{1}{42}$

54　　分数のひき算でも、答えが約分できるときは約分して、できるだけかんたんな分数に
なおしてね。

28 分数のひき算 ③

月　日　時　分〜　時　分

名前

点

1 次の計算をしましょう。　　　　　　　　　　48点（1つ4）

① $\dfrac{7}{4} - \dfrac{5}{6}$

② $\dfrac{8}{7} - \dfrac{1}{3}$

③ $\dfrac{11}{8} - \dfrac{11}{16}$

④ $\dfrac{13}{10} - \dfrac{1}{2} = \dfrac{13}{10} - \dfrac{5}{10}$

$= \dfrac{\overset{4}{\cancel{8}}}{\underset{5}{\cancel{10}}} = \dfrac{4}{5}$

⑤ $\dfrac{10}{9} - \dfrac{5}{18}$

⑥ $\dfrac{41}{36} - \dfrac{7}{12}$

⑦ $\dfrac{9}{5} - \dfrac{2}{3}$

⑧ $\dfrac{12}{7} - \dfrac{2}{5}$

⑨ $\dfrac{13}{9} - \dfrac{3}{8}$

⑩ $\dfrac{17}{12} - \dfrac{1}{6}$

⑪ $\dfrac{5}{3} - \dfrac{11}{21}$

⑫ $\dfrac{27}{20} - \dfrac{4}{15}$

55

2 次の計算をしましょう。　　　　　　　　　　　　　　52点（1つ4）

① $\dfrac{9}{5} - \dfrac{7}{6}$

② $\dfrac{11}{8} - \dfrac{8}{7}$

③ $\dfrac{15}{4} - \dfrac{11}{3}$

④ $\dfrac{13}{5} - \dfrac{21}{10}$

⑤ $\dfrac{25}{12} - \dfrac{7}{4}$

⑥ $\dfrac{79}{42} - \dfrac{25}{14}$

⑦ $\dfrac{9}{2} - \dfrac{4}{3}$

⑧ $\dfrac{13}{4} - \dfrac{10}{9}$

⑨ $\dfrac{16}{7} - \dfrac{6}{5}$

⑩ $\dfrac{35}{12} - \dfrac{9}{8}$

⑪ $\dfrac{7}{2} - \dfrac{7}{6}$

⑫ $\dfrac{17}{6} - \dfrac{13}{10}$

⑬ $\dfrac{30}{11} - \dfrac{35}{33} = \dfrac{90}{33} - \dfrac{35}{33}$

$= \dfrac{\overset{5}{\cancel{55}}}{\underset{3}{\cancel{33}}} = \dfrac{5}{3}\left(1\dfrac{2}{3}\right)$

分母と分子の最大公約数11で約分できるね。

🐱 通分してから計算しよう。答えが仮分数になるときは、帯分数で表してもいいよ。

月　　日　　時　分〜　時　分

名前

点

① 次の計算をしましょう。　　　　　　　　　　　　48点（1つ4）

① $\dfrac{3}{8}+\dfrac{1}{3}$

② $\dfrac{1}{4}+\dfrac{2}{7}$

③ $\dfrac{4}{7}+\dfrac{2}{21}$

④ $\dfrac{5}{14}+\dfrac{3}{10}$

⑤ $\dfrac{5}{9}+\dfrac{1}{6}$

⑥ $\dfrac{8}{15}+\dfrac{7}{20}$

⑦ $\dfrac{26}{49}-\dfrac{3}{7}$

⑧ $\dfrac{3}{4}-\dfrac{7}{10}$

⑨ $\dfrac{2}{3}-\dfrac{1}{6}$

⑩ $\dfrac{5}{9}-\dfrac{2}{63}$

⑪ $\dfrac{1}{4}-\dfrac{1}{9}$

⑫ $\dfrac{5}{6}-\dfrac{3}{14}$

2 次の計算をしましょう。

① $\dfrac{4}{7}+\dfrac{3}{8}$

② $\dfrac{4}{15}+\dfrac{1}{3}$

③ $\dfrac{5}{12}+\dfrac{5}{18}$

④ $\dfrac{2}{7}+\dfrac{13}{28}$

⑤ $\dfrac{9}{35}+\dfrac{3}{10}$

⑥ $\dfrac{1}{12}+\dfrac{11}{30}$

⑦ $\dfrac{25}{54}-\dfrac{1}{9}$

⑧ $\dfrac{8}{9}-\dfrac{5}{12}$

⑨ $\dfrac{4}{5}-\dfrac{6}{25}$

⑩ $\dfrac{13}{18}-\dfrac{5}{9}$

⑪ $\dfrac{16}{21}-\dfrac{4}{9}$

⑫ $\dfrac{5}{14}-\dfrac{3}{10}$

⑬ $\dfrac{5}{12}-\dfrac{4}{15}$

分数の計算では、分母を同じ数にする「通分」、答えをかんたんな分数で表す「約分」が大切だよ。しっかり練習しよう。

❶ 次の計算をしましょう。　48点(1つ4)

① $\frac{1}{2}+\frac{3}{4}-\frac{2}{3}=\frac{6}{12}+\frac{9}{12}-\frac{8}{12}$

$=\frac{15}{12}-\frac{8}{12}=\frac{7}{12}$

2、4、3 の最小公倍数
2 → 2、4、…、⑫、…
4 → 4、8、⑫、…
3 → 3、6、9、⑫、…

分母の2と4と3の最小公倍数は12だね。

② $\frac{1}{10}+\frac{1}{3}+\frac{1}{5}$

③ $\frac{1}{3}+\frac{1}{6}+\frac{1}{4}=\frac{4}{12}+\frac{2}{12}+\frac{3}{12}$

$=\frac{\overset{3}{\cancel{9}}}{\underset{4}{\cancel{12}}}=\frac{3}{4}$

④ $\frac{1}{2}+\frac{1}{16}+\frac{1}{4}$

⑤ $\frac{1}{14}+\frac{1}{2}+\frac{2}{7}$

⑥ $\frac{11}{12}-\frac{1}{2}-\frac{1}{3}=\frac{11}{12}-\frac{6}{12}-\frac{4}{12}$

$=\frac{5}{12}-\frac{4}{12}=\frac{1}{12}$

⑦ $\frac{8}{9}-\frac{1}{4}-\frac{1}{6}$

⑧ $\frac{5}{6}-\frac{2}{3}-\frac{1}{18}$

⑨ $\frac{15}{16}-\frac{1}{2}-\frac{1}{4}$

⑩ $\frac{1}{2}+\frac{2}{3}-\frac{1}{4}$

⑪ $\frac{5}{8}+\frac{2}{3}-\frac{3}{4}$

⑫ $\frac{3}{4}-\frac{23}{36}+\frac{5}{6}=\frac{27}{36}-\frac{23}{36}+\frac{30}{36}$

$=\frac{4}{36}+\frac{30}{36}=\frac{\overset{17}{\cancel{34}}}{\underset{18}{\cancel{36}}}=\frac{17}{18}$

❷ 次の計算をしましょう。 52点（1つ4）

① $\dfrac{3}{8} + \dfrac{5}{12}$

② $\dfrac{1}{18} + \dfrac{5}{6}$

③ $\dfrac{9}{14} + \dfrac{2}{21}$

④ $\dfrac{5}{6} + \dfrac{1}{15}$

⑤ $\dfrac{3}{4} - \dfrac{4}{9}$

⑥ $\dfrac{7}{10} - \dfrac{1}{6}$

⑦ $\dfrac{4}{5} - \dfrac{5}{8}$

⑧ $\dfrac{6}{7} - \dfrac{4}{21}$

⑨ $\dfrac{1}{8} + \dfrac{1}{6} + \dfrac{2}{3}$

⑩ $\dfrac{2}{3} + \dfrac{1}{12} + \dfrac{1}{8}$

⑪ $\dfrac{8}{9} - \dfrac{2}{3} - \dfrac{1}{6}$

⑫ $1 - \dfrac{4}{15} - \dfrac{1}{3}$

⑬ $\dfrac{5}{12} + \dfrac{5}{6} - \dfrac{4}{9}$

3つの分数のたし算やひき算をするときも、通分してから計算するよ。答えが約分できるときは、約分しよう。

月　日　　時　分〜　時　分

名前

点

❶ 次の計算をしましょう。

48点(1つ4)

① $\dfrac{3}{4}+\dfrac{1}{2}+\dfrac{4}{3}=\dfrac{9}{12}+\dfrac{6}{12}+\dfrac{16}{12}$

$=\dfrac{31}{12}\left(2\dfrac{7}{12}\right)$

4と2と3の最小公倍数は24だよね…。

王子！4と2と3の最小公倍数は24ではなく12です。

② $\dfrac{5}{8}+\dfrac{1}{4}+\dfrac{3}{2}$

③ $\dfrac{2}{5}+\dfrac{5}{3}+\dfrac{1}{2}$

④ $\dfrac{3}{2}+\dfrac{2}{3}+\dfrac{1}{6}$

⑤ $\dfrac{5}{6}+\dfrac{9}{5}+\dfrac{2}{3}$

⑥ $\dfrac{7}{3}-\dfrac{3}{4}-\dfrac{7}{8}$

⑦ $\dfrac{16}{9}-\dfrac{2}{3}-\dfrac{5}{6}$

⑧ $\dfrac{5}{4}-\dfrac{1}{6}-\dfrac{1}{3}$

⑨ $\dfrac{8}{5}-\dfrac{1}{2}-\dfrac{7}{10}=\dfrac{16}{10}-\dfrac{5}{10}-\dfrac{7}{10}$

$=\dfrac{11}{10}-\dfrac{7}{10}=\dfrac{\overset{2}{\cancel{4}}}{\underset{5}{\cancel{10}}}=\dfrac{2}{5}$

⑩ $\dfrac{5}{7}+\dfrac{5}{2}-\dfrac{9}{4}$

⑪ $\dfrac{15}{8}-\dfrac{4}{5}-\dfrac{3}{4}$

⑫ $\dfrac{13}{24}+\dfrac{5}{4}-\dfrac{1}{6}$

❷ 次の計算をしましょう。　　　　　　　　　　　　　　　52点(1つ4)

① $\dfrac{6}{7}+\dfrac{9}{14}$

② $\dfrac{8}{5}+\dfrac{1}{3}$

③ $\dfrac{7}{4}+\dfrac{10}{9}$

④ $\dfrac{11}{6}+\dfrac{5}{2}$

⑤ $\dfrac{13}{8}-\dfrac{3}{4}$

⑥ $\dfrac{22}{15}-\dfrac{3}{10}$

⑦ $\dfrac{7}{2}-\dfrac{17}{6}$

⑧ $\dfrac{25}{12}-\dfrac{19}{18}$

⑨ $\dfrac{6}{5}+\dfrac{1}{4}+\dfrac{1}{2}$

⑩ $\dfrac{1}{6}+\dfrac{5}{8}+\dfrac{4}{3}$

⑪ $\dfrac{5}{4}-\dfrac{3}{5}-\dfrac{1}{3}$

⑫ $\dfrac{12}{7}-\dfrac{2}{9}-\dfrac{34}{63}$

⑬ $\dfrac{25}{12}-\dfrac{3}{4}+\dfrac{5}{6}$

3つの分数のたし算やひき算をするときは、一度に通分すると、まとめて計算できるよ。左から順に計算していくといいよ。

| 月 | 日 | 時 | 分〜 | 時 | 分 |

名前

点

❶ 次の計算をしましょう。　48点（1つ4）

① $1\dfrac{2}{3}+2\dfrac{1}{4}=\dfrac{5}{3}+\dfrac{9}{4}$

$=\dfrac{20}{12}+\dfrac{27}{12}=\dfrac{47}{12}\left(3\dfrac{11}{12}\right)$

$1\dfrac{2}{3}=1+\dfrac{2}{3}$、$2\dfrac{1}{4}=2+\dfrac{1}{4}$ を使って計算することもできるよ。

② $1\dfrac{1}{2}+2\dfrac{1}{3}$

③ $3\dfrac{3}{4}+1\dfrac{1}{5}$

④ $1\dfrac{1}{3}+\dfrac{1}{4}$

⑤ $2\dfrac{1}{9}+1\dfrac{1}{6}$

⑥ $1\dfrac{4}{15}+\dfrac{7}{10}$

⑦ $\dfrac{1}{5}+1\dfrac{2}{3}$

⑧ $1\dfrac{4}{15}+\dfrac{7}{20}$

⑨ $1\dfrac{1}{4}+2\dfrac{5}{12}=\dfrac{5}{4}+\dfrac{29}{12}=\dfrac{15}{12}+\dfrac{29}{12}$

$=\dfrac{\overset{11}{\cancel{44}}}{\underset{3}{\cancel{12}}}=\dfrac{11}{3}\left(3\dfrac{2}{3}\right)$

⑩ $1\dfrac{1}{6}+2\dfrac{1}{3}$

⑪ $3\dfrac{3}{8}+1\dfrac{11}{24}$

⑫ $\dfrac{5}{12}+3\dfrac{1}{3}$

❷ 次の計算をしましょう。 52点(1つ4)

① $2\dfrac{1}{6}+\dfrac{1}{4}$

② $1\dfrac{2}{7}+\dfrac{5}{6}$

③ $2\dfrac{5}{9}+1\dfrac{1}{3}$

④ $1\dfrac{2}{15}+\dfrac{1}{6}$

⑤ $1\dfrac{4}{21}+\dfrac{9}{14}$

⑥ $\dfrac{1}{45}+1\dfrac{1}{30}$

⑦ $2\dfrac{1}{2}+\dfrac{2}{3}$

⑧ $1\dfrac{3}{8}+2\dfrac{1}{6}$

⑨ $\dfrac{5}{6}+1\dfrac{5}{36}$

⑩ $2\dfrac{1}{10}+1\dfrac{1}{15}$

⑪ $1\dfrac{5}{12}+1\dfrac{3}{20}$

⑫ $\dfrac{3}{4}+1\dfrac{5}{18}$

⑬ $3\dfrac{1}{2}+1\dfrac{7}{9}$

帯分数のたし算は、帯分数を仮分数になおしてから、通分して計算するしかたと、帯分数を整数と分数に分けて計算するしかたがあるよ。

33 帯分数のひき算

月　日　　時　分～　時　分

名前

点

❶ 次の計算をしましょう。　　　　　　　　　　48点(1つ4)

① $2\frac{1}{2} - 1\frac{1}{3} = \frac{5}{2} - \frac{4}{3}$

$\qquad = \frac{15}{6} - \frac{8}{6} = \frac{7}{6}\left(1\frac{1}{6}\right)$

 帯分数のひき算も
$2\frac{1}{2} = 2 + \frac{1}{2}$、$1\frac{1}{3} = 1 + \frac{1}{3}$
として計算することができるよ。

② $3\frac{1}{4} - 2\frac{5}{6}$　　　　　　③ $2\frac{1}{3} - 1\frac{1}{8}$

④ $3\frac{5}{6} - 2\frac{3}{4}$　　　　　　⑤ $1\frac{2}{9} - \frac{5}{6}$

⑥ $2\frac{3}{4} - \frac{1}{3}$　　　　　　⑦ $4\frac{7}{9} - 2\frac{8}{15}$

⑧ $3\frac{1}{2} - 1\frac{5}{6} = \frac{7}{2} - \frac{11}{6} = \frac{21}{6} - \frac{11}{6}$　⑨ $1\frac{2}{3} - \frac{11}{12}$

$\qquad = \frac{\overset{5}{\cancel{10}}}{\underset{3}{\cancel{6}}} = \frac{5}{3}\left(1\frac{2}{3}\right)$

⑩ $2\frac{7}{10} - 1\frac{1}{5}$　　　　　　⑪ $1\frac{6}{7} - 1\frac{11}{21}$

⑫ $3\frac{2}{5} - 1\frac{13}{20}$

❷ 次の計算をしましょう。 52点(1つ4)

① $3\dfrac{6}{7} - 1\dfrac{1}{2}$

② $3\dfrac{7}{8} - 2\dfrac{5}{6}$

③ $1\dfrac{3}{10} - \dfrac{7}{15}$

④ $1\dfrac{7}{12} - \dfrac{4}{15}$

⑤ $2\dfrac{1}{4} - 1\dfrac{4}{9}$

⑥ $3\dfrac{5}{8} - 2\dfrac{3}{4}$

⑦ $1\dfrac{1}{20} - \dfrac{5}{6}$

⑧ $2\dfrac{1}{6} - \dfrac{3}{14}$

⑨ $2\dfrac{5}{12} - \dfrac{4}{15}$

⑩ $3\dfrac{5}{6} - 1\dfrac{7}{12}$

⑪ $3\dfrac{4}{15} - 1\dfrac{2}{3}$

⑫ $3\dfrac{2}{9} - 2\dfrac{3}{5}$

⑬ $1\dfrac{6}{7} - 1\dfrac{3}{4}$

帯分数のひき算も、たし算と同じで、2とおりの計算のしかたがあるね。答えが約分
できるときは、約分しよう。

34 まとめのテスト

1 次の分数を約分しましょう。　　　　　　　　　　　　　　18点(1つ3)

① $\dfrac{9}{12}$　　　　　② $\dfrac{15}{18}$　　　　　③ $\dfrac{2}{16}$

（　　　）　　　　（　　　）　　　　（　　　）

④ $\dfrac{25}{45}$　　　　　⑤ $\dfrac{14}{49}$　　　　　⑥ $\dfrac{16}{72}$

（　　　）　　　　（　　　）　　　　（　　　）

2 次の分数を通分しましょう。　　　　　　　　　　　　　　18点(1つ3)

① $\dfrac{2}{7}$、$\dfrac{1}{3}$　　　　② $\dfrac{4}{5}$、$\dfrac{7}{10}$　　　　③ $\dfrac{2}{3}$、$\dfrac{3}{4}$

（　　　）　　　　（　　　）　　　　（　　　）

④ $\dfrac{9}{10}$、$\dfrac{3}{4}$　　　⑤ $\dfrac{5}{6}$、$\dfrac{7}{9}$　　　⑥ $\dfrac{7}{40}$、$\dfrac{7}{8}$

（　　　）　　　　（　　　）　　　　（　　　）

3 次の計算をしましょう。　　　　　　　　　　　　　　　18点(1つ3)

① $\dfrac{2}{3}+\dfrac{1}{2}$　　　　　　　② $\dfrac{1}{8}+\dfrac{5}{6}$

③ $\dfrac{7}{12}+\dfrac{3}{4}$　　　　　　　④ $\dfrac{11}{18}+\dfrac{5}{6}$

⑤ $\dfrac{9}{14}+\dfrac{4}{21}$　　　　　　　⑥ $\dfrac{21}{20}+\dfrac{5}{12}$

4 次の計算をしましょう。　　　　　　　　　　　　　　　　　　18点(1つ3)

① $\dfrac{5}{6} - \dfrac{3}{5}$

② $\dfrac{2}{3} - \dfrac{4}{9}$

③ $\dfrac{9}{8} - \dfrac{5}{24}$

④ $\dfrac{3}{4} - \dfrac{7}{12}$

⑤ $\dfrac{11}{12} - \dfrac{8}{9}$

⑥ $\dfrac{9}{7} - \dfrac{13}{21}$

5 次の計算をしましょう。　　　　　　　　　　　　　　　　　　12点(1つ3)

① $\dfrac{3}{4} + \dfrac{1}{6} + \dfrac{5}{12}$

② $\dfrac{2}{3} + \dfrac{5}{6} - \dfrac{1}{2}$

③ $\dfrac{7}{5} - \dfrac{5}{8} + \dfrac{1}{2}$

④ $\dfrac{10}{7} - \dfrac{2}{9} - \dfrac{1}{3}$

6 次の計算をしましょう。　　　　　　　　　　　　　　　　　　16点(1つ4)

① $2\dfrac{1}{6} + 1\dfrac{1}{9}$

② $1\dfrac{2}{15} + \dfrac{1}{6}$

③ $2\dfrac{7}{9} - 1\dfrac{2}{5}$

④ $3\dfrac{5}{8} - 1\dfrac{7}{12}$

月　日　時　分〜　時　分

名前

点

1 次の商を分数で表しましょう。　　　　　　　　　48点（1つ2）

① $1 \div 3 = \dfrac{1}{3}$ 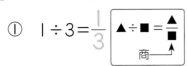 $\blacktriangle \div \blacksquare = \dfrac{\blacktriangle}{\blacksquare}$　商→

② $4 \div 9$

③ $5 \div 8$

④ $3 \div 10$

⑤ $6 \div 7$

⑥ $2 \div 13$

⑦ $5 \div 6$

⑧ $12 \div 17$

⑨ $4 \div 11$

⑩ $3 \div 5$

⑪ $2 \div 9$

⑫ $15 \div 19$

⑬ $7 \div 8$

⑭ $1 \div 21$

⑮ $3 \div 2$

⑯ $4 \div 3$

⑰ $13 \div 6$

⑱ $10 \div 9$

⑲ $27 \div 5$

⑳ $16 \div 7$

㉑ $8 \div 3$

㉒ $5 \div 2$

㉓ $32 \div 23$

㉔ $29 \div 14$

❷ □にあてはまる数をかきましょう。　　　　　　　　　　52点(1つ4)

① $\dfrac{6}{7}$ = ⬚ 6 ÷ 7

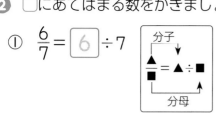

 分数は、わり算の式で表すことができるよ。

② $\dfrac{7}{12}$ = ⬚ ÷ 12

③ $\dfrac{1}{6}$ = ⬚ ÷ 6

④ $\dfrac{5}{18}$ = ⬚ ÷ 18

⑤ $\dfrac{10}{7}$ = 10 ÷ ⬚ 7

⑥ $\dfrac{21}{25}$ = 21 ÷ ⬚

⑦ $\dfrac{4}{3}$ = ⬚ ÷ 3

⑧ $\dfrac{8}{7}$ = ⬚ ÷ 7

⑨ $\dfrac{12}{5}$ = 12 ÷ ⬚

⑩ $\dfrac{9}{4}$ = 9 ÷ ⬚

⑪ $\dfrac{11}{8}$ = ⬚ ÷ 8

⑫ $\dfrac{27}{13}$ = ⬚ ÷ 13

⑬ $\dfrac{35}{19}$ = ⬚ ÷ 19

わり算の商は、わられる数を分子、わる数を分母とする分数で表せるよ。わり算て、わり切れなくて、きちんとした小数で表すことができないときは、商を分数で表してね。

分数と小数・整数 ①

❶ 次の分数を小数で表しましょう。　　　　　　　　　48点（1つ4）

①　$\dfrac{3}{4} = 3 \div 4 = 0.75$ (　0.75　)

```
      0. 7 5
  4 ) 3 0
      2 8
        2 0
        2 0
           0
```

②　$\dfrac{1}{2}$ 　　　　　　(　　　　)　③　$\dfrac{1}{8}$ 　　　　　　(　　　　)

④　$\dfrac{6}{5}$ 　　　　　　(　　　　)　⑤　$\dfrac{1}{4}$ 　　　　　　(　　　　)

⑥　$\dfrac{4}{5}$ 　　　　　　(　　　　)　⑦　$\dfrac{5}{8}$ 　　　　　　(　　　　)

⑧　$\dfrac{3}{2}$ 　　　　　　(　　　　)　⑨　$\dfrac{9}{4}$ 　　　　　　(　　　　)

⑩　$\dfrac{3}{8}$ 　　　　　　(　　　　)　⑪　$\dfrac{11}{8}$ 　　　　　　(　　　　)

⑫　$\dfrac{21}{25}$ 　　　　　(　　　　)

❷ 次の分数を小数で表しましょう。

① $\dfrac{2}{5}$ (   ) ② $\dfrac{1}{5}$ (   )

③ $\dfrac{9}{2}$ (   ) ④ $\dfrac{2}{8}$ (   )

⑤ $\dfrac{1}{25}$ (   ) ⑥ $\dfrac{11}{20}$ (   )

⑦ $\dfrac{18}{24}$ (   ) ⑧ $\dfrac{7}{8}$ (   )

⑨ $\dfrac{13}{5}$ (   ) ⑩ $\dfrac{39}{6}$ (   )

⑪ $\dfrac{31}{4}$ (   ) ⑫ $\dfrac{6}{75}$ (   )

⑬ $\dfrac{27}{50}$ (   )

👑 分数は、わり算の商と考えられるので、分子÷分母の計算をすると小数で表すことができるよ。前に学習したわり進む計算の復習をしよう。

分数と小数・整数 ②

名前

点

1 次の分数を $\frac{1}{100}$ の位までの小数で表しましょう。

48点(1つ4)

① $\frac{2}{3}$＝2÷3＝0.666… （　0.67　）

$\frac{1}{1000}$の位を四捨五入しよう。

② $\frac{2}{7}$　　　　（　　　　　）　③ $\frac{5}{9}$　　　　（　　　　　）

④ $\frac{7}{12}$　　　（　　　　　）　⑤ $\frac{4}{3}$　　　　（　　　　　）

⑥ $\frac{3}{7}$　　　　（　　　　　）　⑦ $\frac{3}{17}$　　　（　　　　　）

⑧ $\frac{5}{23}$　　　（　　　　　）　⑨ $\frac{9}{22}$　　　（　　　　　）

⑩ $\frac{7}{19}$　　　（　　　　　）　⑪ $\frac{28}{9}$　　　（　　　　　）

⑫ $\frac{5}{11}$　　　（　　　　　）

❷ 次の分数を $\dfrac{1}{1000}$ の位までの小数で表しましょう。

52点（1つ4）

① $\dfrac{2}{9} = 2 \div 9$ (0.222)   ② $\dfrac{4}{7}$ (   )

         $= 0.2222\cancel{2}\cdots$

③ $\dfrac{5}{13}$ (   )   ④ $\dfrac{2}{13}$ (   )

⑤ $\dfrac{1}{6}$ (   )   ⑥ $\dfrac{2}{11}$ (   )

⑦ $\dfrac{13}{7}$ (   )   ⑧ $\dfrac{15}{11}$ (   )

⑨ $\dfrac{5}{24}$ (   )   ⑩ $\dfrac{3}{14}$ (   )

⑪ $\dfrac{17}{9}$ (   )   ⑫ $\dfrac{9}{7}$ (   )

⑬ $\dfrac{2}{19}$ (   )

商を四捨五入（ししゃごにゅう）して表すときは、求める位の1つ下の位までわり進むよ。分子が分母より小さい分数では、商の一の位に0がたつね。

38 分数と小数・整数 ③

① 次の小数や整数を分数で表します。□にあてはまる数をかきましょう。 48点(1つ4)

$0.1 = \dfrac{1}{10}$
$0.01 = \dfrac{1}{100}$
$0.001 = \dfrac{1}{1000}$

0.7 は、$0.1 = \dfrac{1}{10}$ が 7個分だよ。

① $0.7 = \dfrac{7}{10}$

② $0.05 = \dfrac{\boxed{}}{100}$

③ $0.37 = \dfrac{\boxed{}}{100}$

④ $0.006 = \dfrac{\boxed{}}{1000}$

⑤ $0.967 = \dfrac{\boxed{}}{1000}$

⑥ $5 = \dfrac{\boxed{}}{1}$

⑦ $0.12 = \dfrac{12}{\boxed{100}}$

⑧ $0.9 = \dfrac{9}{\boxed{}}$

⑨ $1.36 = \dfrac{136}{\boxed{}}$

⑩ $2.4 = \dfrac{24}{\boxed{}}$

⑪ $19 = \dfrac{19}{\boxed{}}$

⑫ $0.028 = \dfrac{28}{\boxed{}}$

2 次の小数や整数を分数で表しましょう。

① $0.6 = \dfrac{\overset{3}{\overset{6}{\cancel{6}}}}{\underset{5}{\cancel{10}}} = \dfrac{3}{5}$ （ $\dfrac{3}{5}$ ） ② 1.1 （   ）

③ 0.07 （   ） ④ 2.5 （   ）

⑤ 1.42 （   ） ⑥ 0.003 （   ）

⑦ 0.45 （   ） ⑧ 8 （   ）

⑨ 0.724 （   ） ⑩ 0.016 （   ）

⑪ 32 （   ） ⑫ 0.77 （   ）

⑬ 3.145 （   ）

約分できるときは
約分しよう。

小数は、分母が 10、100、1000 などの分数で表すことができるよ。整数は、
1 を分母とする分数とみることができるね。整数も小数も、分数で表せるんだね。

名前

点

39 しあげのテスト1

1 次の計算をしましょう。　　　　　　　　　　　　　　　12点(1つ2)

① 3×0.7　　　　② 0.4×0.6　　　　③ 0.3×0.05

④ $6 \div 1.2$　　　　⑤ $4.8 \div 0.6$　　　　⑥ $3.5 \div 0.05$

2 次の計算をしましょう。　　　　　　　　　　　　　　　40点(1つ5)

①
$$\begin{array}{r} 2.6 \\ \times\, 1.7 \\ \hline \end{array}$$

②
$$\begin{array}{r} 0.45 \\ \times\quad 6.8 \\ \hline \end{array}$$

③
$$\begin{array}{r} 3.9 \\ \times\, 0.27 \\ \hline \end{array}$$

④
$$\begin{array}{r} 0.28 \\ \times\, 0.48 \\ \hline \end{array}$$

⑤
$$\begin{array}{r} 42 \\ \times\, 3.14 \\ \hline \end{array}$$

⑥
$$\begin{array}{r} 3.04 \\ \times\quad 2.5 \\ \hline \end{array}$$

⑦
$$\begin{array}{r} 8.2 \\ \times\, 2.16 \\ \hline \end{array}$$

⑧
$$\begin{array}{r} 506 \\ \times\quad 3.3 \\ \hline \end{array}$$

3 次の計算をしましょう。④⑤⑥はわり切れるまで計算しましょう。　　24点(1つ4)

① $3.9\overline{)9.36}$

② $0.05\overline{)32.1}$

③ $0.43\overline{)2.58}$

④ $8.4\overline{)2.1}$

⑤ $3.6\overline{)3.78}$

⑥ $7.2\overline{)54}$

4 商を、四捨五入して、$\frac{1}{10}$の位までの概数で表しましょう。　　12点(1つ4)

① $8.6 \div 2.3$

② $47 \div 0.6$

③ $9.25 \div 3.2$

(　　)　　　　　(　　)　　　　　(　　)

5 商を一の位まで求め、余りをかきましょう。　　12点(1つ4)

① $5.1 \div 2.4$

② $74.6 \div 1.9$

③ $63 \div 4.6$

商 (　　)　　　　　商 (　　)　　　　　商 (　　)

余り (　　)　　　　　余り (　　)　　　　　余り (　　)

月　　日　　目標時間 **15** 分

名前

点

1　次の計算をしましょう。

48点(1つ4)

① $\dfrac{1}{4}+\dfrac{1}{5}$

② $\dfrac{4}{21}+\dfrac{2}{7}$

③ $\dfrac{3}{7}+\dfrac{1}{4}$

④ $\dfrac{1}{5}+\dfrac{3}{10}$

⑤ $\dfrac{1}{6}+\dfrac{7}{10}$

⑥ $\dfrac{5}{12}+\dfrac{17}{24}$

⑦ $\dfrac{8}{9}-\dfrac{2}{3}$

⑧ $\dfrac{4}{7}-\dfrac{6}{35}$

⑨ $\dfrac{5}{9}-\dfrac{4}{15}$

⑩ $\dfrac{1}{3}-\dfrac{1}{12}$

⑪ $\dfrac{3}{4}-\dfrac{3}{20}$

⑫ $\dfrac{19}{12}-\dfrac{8}{15}$

2 次の計算をしましょう。

① $\dfrac{1}{5}+\dfrac{1}{2}+\dfrac{1}{10}$ 　　　　② $\dfrac{3}{4}-\dfrac{1}{6}-\dfrac{1}{3}$

③ $1-\dfrac{1}{4}-\dfrac{1}{8}$ 　　　　④ $\dfrac{1}{6}+\dfrac{1}{3}-\dfrac{1}{2}$

3 次の計算をしましょう。

① $1\dfrac{2}{3}+2\dfrac{1}{2}$ 　　　　② $1\dfrac{1}{3}+2\dfrac{1}{4}$

③ $2\dfrac{7}{15}-1\dfrac{2}{3}$ 　　　　④ $4\dfrac{2}{3}-1\dfrac{11}{12}$

4 次の商を分数で表しましょう。
① $1\div 8$ 　　② $7\div 9$ 　　③ $9\div 5$ 　　④ $13\div 7$

5 次の分数を $\dfrac{1}{100}$ の位までの小数で表しましょう。

① $\dfrac{2}{7}$ 　（　　　　）② $\dfrac{4}{9}$ 　（　　　　）③ $\dfrac{3}{13}$ 　（　　　　）

6 次の小数や整数を分数で表しましょう。

① 0.3 　（　　　　）② 1.07 　（　　　　）③ 4 　（　　　　）

答え

5年の 計算

👑1 4年生で習ったこと ①

1 ①21 　②18 　③16
④13余り2 　⑤11余り3 　⑥13
⑦30 　⑧31 　⑨52
⑩142 　⑪46 　⑫82余り1

2 ①3 　②2 　③3
④6余り1 　⑤2余り12 　⑥2余り2
⑦2 　⑧4余り10 　⑨6
⑩4 　⑪7余り32 　⑫14余り25
⑬20

考え方 **1** ⑪
```
      46
  8)368
    32
    ‾‾‾
     48
     48
    ‾‾‾
      0
```
3は8でわれないので、百の位に商はたちません。36÷8=4余り4なので、十の位に商4を書きます。

👑2 4年生で習ったこと ②

1 ①2.8 　②0.3
③0.2 　④0.8

2 ①13 　②3.15 　③100.8
④104.4 　⑤0.12 　⑥0.24
⑦2.6 　⑧0.65

3 ①$\frac{5}{4}\left(1\frac{1}{4}\right)$ 　②$\frac{7}{5}\left(1\frac{2}{5}\right)$
③$\frac{8}{7}\left(1\frac{1}{7}\right)$ 　④$2\left(\frac{16}{8}\right)$
⑤$\frac{10}{6}\left(1\frac{4}{6}\right)$ 　⑥$\frac{17}{5}\left(3\frac{2}{5}\right)$

4 ①$\frac{4}{5}$ 　②$\frac{3}{7}$
③$\frac{3}{4}$ 　④$1\left(\frac{7}{7}\right)$
⑤$\frac{5}{8}$ 　⑥$\frac{8}{5}\left(1\frac{3}{5}\right)$
⑦$\frac{5}{9}$

考え方 **2** 小数×整数のかけ算は、整数どうしのかけ算と同じように計算をします。積の小数点は、かけられる数の小数点をそのまま下におろしてうちます。積の小数点以下の終わりの数が0のときは、0を消しておきます。

3、**4** 分数のたし算・ひき算は、分子どうしを計算します。帯分数では、整数部分と分数部分に分けて考えることもできます。

👑3 10倍、100倍、1000倍、$\frac{1}{10}$、$\frac{1}{100}$、$\frac{1}{1000}$

1 ①10 　②100 　③1000
④31.4 　⑤314 　⑥3140

2 ①⑦160 　②⑦72.6
　⑦1600 　　⑦726
　⑦16000 　　⑦7260
③⑦80.5 　④⑦2.83
　⑦805 　　⑦28.3
　⑦8050 　　⑦283
⑤⑦3 　⑥⑦0.5
　⑦30 　　⑦5
　⑦300 　　⑦50

3 ①27.4 　②620 　③451
④8 　⑤3960 　⑥137

4 ①$\frac{1}{10}$ 　②$\frac{1}{100}$ 　③$\frac{1}{1000}$
④7.23 　⑤0.723 　⑥0.0723

5 ①⑦36.9 　②⑦41
　⑦3.69 　　⑦4.1
　⑦0.369 　　⑦0.41
③⑦2 　④⑦6.25
　⑦0.2 　　⑦0.625
　⑦0.02 　　⑦0.0625

⑤⑦6.01　　　⑥⑦0.79
　㋑0.601　　　㋑0.079
　㋒0.0601　　㋒0.0079

6 ①2.74　②0.073　③8.02
　④0.0039　⑤0.001

考え方　**3**　⑤⑥小数点を右に3つ分移します。
6　④小数点を左に3つ分移します。

👑4 小数をかける計算

1 ①28　②2　⑬16　⑭84
③45　④92　⑮6　⑯90
⑤7.8　⑥35　⑰150　⑱12
⑦76　⑧5.4　⑲28　⑳210
⑨8.8　⑩99　㉑136　㉒10
⑪27　⑫8.4　㉓275　㉔188

2 ①0.36　②0.48　⑮0.91　⑯0.16
③0.32　④0.35　⑰0.042　⑱0.094
⑤0.54　⑥0.72　⑲0.216　⑳0.16
⑦0.1　⑧1.08　㉑1.47　㉒0.99
⑨1.98　⑩0.24　㉓0.24　㉔0.016
⑪0.16　⑫1.35　㉕0.012　㉖0.02
⑬2.1　⑭1.84

考え方　**1**　②5×4÷10=20÷10=2
5×4を計算して、小数点を左に1つ分移します。

👑5 小数×小数の筆算①

1
```
    24
  ×23
   72
  48
  552
```

2 ① 1.3　② 3.2　③ 8.3
```
  × 3.5      × 5.1      × 6.2
    65         32        166
    39        160        498
  4.55      16.32      51.46
```

④ 5.4　⑤ 0.42　⑥ 0.27
```
  × 4.7      × 3.4      × 5.6
   378        168        162
   216        126        135
 25.38      1.428      1.512
```

⑦ 0.61　⑧ 4.8　⑨ 9.2
```
  × 2.3      × 0.71     × 0.58
   183         48         736
   122        336         460
 1.403      3.408       5.336
```

3 ① 3.6　② 2.4　③ 6.2
```
  × 2.5      × 4.5      × 1.5
   180        120        310
    72         96         62
  9.00      10.80       9.30
```

④ 8.5　⑤ 3.2　⑥ 4.4
```
  × 4.6      × 9.5      × 7.5
   510        160        220
   340        288        308
 39.10      30.40      33.00
```

⑦ 3.2　⑧ 1.5　⑨ 2.8
```
  × 0.3      × 0.6      × 0.2
  0.96       0.90       0.56
```

⑩ 1.5　⑪ 4.2　⑫ 1.7
```
  × 0.5      × 0.2      × 0.4
  0.75       0.84       0.68
```

⑬ 12　⑭ 72　⑮ 52
```
  × 3.14     × 2.53     × 1.87
     48        216        364
     12        360        416
     36        144         52
  37.68     182.16      97.24
```

考え方　**2**　①～④は、「小数×小数の筆算②」、⑤～⑨は、「小数×小数の筆算③」、**3**　①～⑫は、「小数×小数の筆算④」、⑬～⑮は、「小数×小数の筆算⑤」で練習します。

👑6 小数×小数の筆算②

1 ① 8.3　② 7.2　③ 5.7
```
  × 2.3      × 1.4      × 2.9
   249        288        513
   166         72        114
 19.09      10.08      16.53
```

④ 4.7　⑤ 2.3　⑥ 6.3
```
  × 5.4      × 9.2      × 1.8
   188         46        504
   235        207         63
 25.38      21.16      11.34
```

⑦ 1.4 × 7.6 84 98 10.64	⑧ 3.2 × 4.8 256 128 15.36	⑨ 8.4 × 3.9 756 252 32.76
⑩ 2.8 × 2.6 168 56 7.28	⑪ 7.9 × 8.5 395 632 67.15	⑫ 5.2 × 9.6 312 468 49.92

❷
① 6.4 × 2.8 512 128 17.92	② 8.9 × 3.4 356 267 30.26	③ 2.5 × 4.3 75 100 10.75
④ 5.8 × 2.6 348 116 15.08	⑤ 1.9 × 7.2 38 133 13.68	⑥ 4.5 × 6.3 135 270 28.35
⑦ 9.6 × 4.2 192 384 40.32	⑧ 3.5 × 3.5 175 105 12.25	⑨ 2.8 × 7.4 112 196 20.72
⑩ 7.4 × 4.7 518 296 34.78	⑪ 7.3 × 8.2 146 584 59.86	⑫ 6.5 × 4.9 585 260 31.85
⑬ 5.2 × 1.9 468 52 9.88		

考え方 答えの小数点から下のけた数は、全部2けたになる計算です。

👑 7 小数×小数の筆算 ③

❶
① 0.43 × 3.2 86 129 1.376	② 0.19 × 8.2 38 152 1.558	③ 0.42 × 5.6 252 210 2.352

④ 0.52 × 6.4 208 312 3.328	⑤ 0.97 × 2.8 776 194 2.716	⑥ 0.34 × 5.7 238 170 1.938
⑦ 0.29 × 4.7 203 116 1.363	⑧ 0.45 × 3.5 225 135 1.575	⑨ 0.25 × 9.5 125 225 2.375
⑩ 0.66 × 1.8 528 66 1.188	⑪ 0.97 × 7.3 291 679 7.081	⑫ 0.36 × 8.7 252 288 3.132

❷
① 7.4 × 0.28 592 148 2.072	② 2.4 × 0.43 72 96 1.032	③ 5.6 × 0.38 448 168 2.128
④ 6.7 × 0.25 335 134 1.675	⑤ 9.2 × 0.44 368 368 4.048	⑥ 8.3 × 0.18 664 83 1.494
⑦ 4.8 × 0.57 336 240 2.736	⑧ 7.7 × 0.65 385 462 5.005	⑨ 2.9 × 0.75 145 203 2.175
⑩ 3.6 × 0.39 324 108 1.404	⑪ 1.8 × 0.92 36 162 1.656	⑫ 4.6 × 0.56 276 230 2.576
⑬ 5.4 × 0.73 162 378 3.942		

考え方 答えの小数点から下のけた数は、全部3けたになる計算です。小数点の位置に気をつけましょう。

❶

①
```
    3.5
  ×8.2
    70
  280
  28.70
```

②
```
    4.8
 ×0.75
   240
  336
  3.600
```

③
```
    9.8
 ×0.25
   490
  196
  2.450
```

④
```
    6.4
  ×3.5
   320
  192
  22.40
```

⑤
```
    2.8
  ×4.5
   140
  112
  12.60
```

⑥
```
    5.6
 ×0.85
   280
  448
  4.760
```

⑦
```
   0.5
  ×7.6
    30
   35
  3.80
```

⑧
```
   0.18
  ×6.5
    90
  108
  1.170
```

⑨
```
   0.55
  × 2.6
   330
  110
  1.430
```

⑩
```
   3.8
  ×2.5
   190
   76
  9.50
```

⑪
```
   0.25
  × 4.8
   200
  100
  1.200
```

⑫
```
   0.98
  × 7.5
   490
  686
  7.350
```

❷

①
```
   0.24
  ×0.14
     96
    24
  0.0336
```

②
```
   0.36
  ×0.18
    288
    36
  0.0648
```

③
```
   0.47
  ×0.32
     94
   141
  0.1504
```

④
```
   0.2
  ×2.6
    12
    4
  0.52
```

⑤
```
   0.03
  ×0.31
      3
     9
  0.0093
```

⑥
```
   8.7
  ×0.1
  0.87
```

⑦
```
   0.3
  ×2.5
    15
    6
  0.75
```

⑧
```
   0.34
  ×0.29
    306
    68
  0.0986
```

⑨
```
    0.26
  ×0.45
    130
   104
  0.1170
```

⑩
```
   1.3
  ×0.7
  0.91
```

⑪
```
   0.25
  × 0.8
  0.200
```

⑫
```
   0.42
  ×0.02
  0.0084
```

⑬
```
   0.15
  ×0.05
  0.0075
```

❶ 小数点から下で、積の最後の0や00をとる計算です。小数点をうつ位置にも気をつけます。

❷ 小数点から下のけた数がたりないときは、0をつけたします。⑪の答えは0.2です。

❶

①
```
    73
 ×1.46
   438
  292
  73
 106.58
```

②
```
    25
 ×3.24
   100
   50
  75
  81.00
```

③
```
    18
 ×2.46
   108
   72
  36
  44.28
```

④
```
     43
  ×8.02
     86
  344
 344.86
```

⑤
```
     45
  ×5.19
    405
    45
  225
 233.55
```

⑥
```
     17
  ×9.53
     51
    85
  153
 162.01
```

⑦
```
     62
  ×7.13
    186
    62
  434
 442.06
```

⑧
```
     24
  ×3.48
    192
    96
   72
  83.52
```

⑨
```
     38
  ×6.08
    304
  228
 231.04
```

⑩
```
     26
  ×5.89
    234
   208
  130
 153.14
```

⑪
```
     75
  ×1.98
    600
   675
   75
 148.50
```

⑫
```
     56
  ×4.03
    168
  224
 225.68
```

❷

①
```
    15
 ×4.27
   105
   30
  60
 64.05
```

②
```
    27
 ×6.32
    54
   81
  162
 170.64
```

③
```
    46
 ×7.02
    92
  322
 322.92
```

④
```
     31
  ×9.16
    186
    31
  279
 283.96
```

⑤
```
     65
  ×3.34
    260
   195
  195
 217.10
```

⑥
```
     92
  ×2.58
    736
   460
  184
 237.36
```

⑦		⑧		⑨	

⑦
```
       54
×    5.39
      486
      162
      270
   291.06
```
⑧
```
       73
×    1.85
      365
      584
       73
   135.05
```
⑨
```
       48
×    8.25
      240
       96
      384
   396.00
```

⑩
```
       85
×    4.34
      340
      255
      340
   368.90
```
⑪
```
       29
×    7.56
      174
      145
      203
   219.24
```
⑫
```
       67
×    3.54
      268
      335
      201
   237.18
```

⑬
```
       96
×    1.05
      480
       96
   100.80
```

考え方 ❶ ②⑪、❷ ⑤⑨⑩⑬は、小数点から下の最後の0や00をとるのをわすれないようにします。

🐿 10 小数×小数の筆算 ⑥

❶ ①
```
     2.84
×     3.7
    1988
     852
  10.508
```
②
```
     5.09
×     7.2
    1018
    3563
  36.648
```
③
```
     6.31
×     4.1
     631
    2524
  25.871
```

④
```
     7.83
×     2.6
    4698
    1566
  20.358
```
⑤
```
     8.36
×     7.5
    4180
    5852
  62.700
```
⑥
```
      5.2
×    4.16
      312
       52
      208
   21.632
```

⑦
```
      9.3
×    6.07
      651
      558
   56.451
```
⑧
```
      1.8
×    3.94
       72
      162
       54
    7.092
```
⑨
```
      2.2
×    2.22
       44
       44
       44
    4.884
```

⑩
```
      8.5
×    9.74
      340
      595
      765
   82.790
```
⑪
```
      0.9
×     0.9
     0.81
```
⑫
```
      0.8
×     0.5
     0.40
```

❷ ①
```
       16
×     3.4
       64
       48
     54.4
```
②
```
       12
×     0.8
      9.6
```
③
```
       37
×     5.9
      333
      185
    218.3
```

④
```
       20
×     6.4
       80
      120
    128.0
```
⑤
```
       86
×     7.5
      430
      602
    645.0
```
⑥
```
      245
×     3.3
      735
      735
    808.5
```

⑦
```
      412
×     0.6
    247.2
```
⑧
```
      309
×     8.1
      309
     2472
    2502.9
```
⑨
```
      588
×     1.5
     2940
      588
     882.0
```

⑩
```
      234
×     5.6
     1404
     1170
    1310.4
```
⑪
```
     12.3
×    6.28
      984
      246
      738
   77.244
```
⑫
```
     40.7
×    8.03
     1221
     3256
  326.821
```

⑬
```
     12.5
×    9.52
      250
      625
     1125
  119.000
```

考え方 ❶ ①～⑩は、答えの小数点から下のけた数が、3けたになる計算です。⑪⑫は、1より小さい1けたの小数どうしのかけ算です。⑤⑩⑫は、小数点から下の位の0や00を消します。
❷ ①～⑩は、答えの小数点から下のけた数が、1けたになる計算です。⑪～⑬は、答えの小数点から下のけた数が、3けたになる計算です。④⑤⑨⑬は、小数点から下の位の0や000を消して、答えが整数になります。

11 小数×小数の筆算 ⑦

❶

① 4.2 ×1.4 → 168 / 42 / 5.88
② 3.4 ×6.1 → 34 / 204 / 20.74
③ 5.5 ×3.7 → 385 / 165 / 20.35
④ 6.8 ×6.8 → 544 / 408 / 46.24
⑤ 2.5 ×8.3 → 75 / 200 / 20.75
⑥ 0.23 × 3.3 → 69 / 69 / 0.759
⑦ 0.17 × 7.6 → 102 / 119 / 1.292
⑧ 0.89 × 4.5 → 445 / 356 / 4.005
⑨ 0.53 × 3.6 → 318 / 159 / 1.908
⑩ 6.5 ×0.49 → 585 / 260 / 3.185
⑪ 9.7 ×0.32 → 194 / 291 / 3.104
⑫ 2.8 ×0.74 → 112 / 196 / 2.072

❷

① 4.5 ×6.2 → 90 / 270 / 27.90
② 8.8 ×5.5 → 440 / 440 / 48.40
③ 2.4 ×0.75 → 120 / 168 / 1.800
④ 3.6 ×0.65 → 180 / 216 / 2.340
⑤ 0.85 × 9.2 → 170 / 765 / 7.820
⑥ 0.25 × 6.4 → 100 / 150 / 1.600
⑦ 0.13 ×0.52 → 26 / 65 / 0.0676
⑧ 0.35 ×0.78 → 280 / 245 / 0.2730
⑨ 27 ×4.01 → 27 / 108 / 108.27
⑩ 59 ×8.63 → 177 / 354 / 472 / 509.17
⑪ 84 ×7.25 → 420 / 168 / 588 / 609.00
⑫ 4.8 ×5.06 → 288 / 240 / 24.288
⑬ 255 × 6.2 → 510 / 1530 / 1581.0

考え方 ❶ ①～⑤は、答えの小数点から下のけた数が、2けたになる計算です。また、⑥～⑫は、答えの小数点から下のけた数が、3けたになる計算です。
❷ ①～⑥⑧⑪⑬は、答えの小数点から下の最後の0や00をとる計算です。⑪の答えは、609です。⑦は、小数点から下のけた数が4けたになるように、0.0をつけたします。

12 小数でわる計算

❶ ①20 ②6 ③8 ④70 ⑤30 ⑥4 ⑦30 ⑧14 ⑨160 ⑩90 ⑪20 ⑫40 ⑬6 ⑭3 ⑮2 ⑯9 ⑰3 ⑱2.5 ⑲3.5 ⑳5.2 ㉑4.5 ㉒1.5 ㉓2.6 ㉔1.2

❷ ①0.5 ②0.6 ③0.3 ④0.9 ⑤1.5 ⑥0.8 ⑦0.2 ⑧0.4 ⑨3.5 ⑩0.3 ⑪0.5 ⑫0.9 ⑬0.7 ⑭0.4 ⑮20 ⑯3 ⑰2 ⑱320 ⑲30 ⑳60 ㉑4 ㉒0.6 ㉓0.2 ㉔1.4 ㉕0.5 ㉖2

考え方 ❷ ③④⑦⑧⑩～⑭㉔は、前に学習した小数を整数でわる計算と同じです。
③(0.75×10)÷(2.5×10)=7.5÷25=0.3

13 小数÷小数の筆算 ①

❶
```
      1.3
42)5 4.6
   4 2
   1 2 6
   1 2 6
       0
```

❷
①
```
      3.2
2,6)8.3.2
    78
    52
    52
     0
```
②
```
      2.1
3,2)6.7.2
    64
    32
    32
     0
```
③
```
      3.5
1,9)6.6.5
    57
    95
    95
     0
```

④
```
      1.2
7,4)8.8.8
    74
   148
   148
     0
```
⑤
```
      2.3
2,6)5.9.8
    52
    78
    78
     0
```
⑥
```
      3.6
1,3)4.6.8
    39
    78
    78
     0
```

⑦
```
      6.4
2,4)15.3.6
   144
    96
    96
     0
```
⑧
```
      3.7
5,2)19.2.4
   156
   364
   364
     0
```
⑨
```
      32.4
2,8)90.7.2
    84
    67
    56
   112
   112
     0
```

❸
①
```
      6
0,26)1.56
    156
      0
```
②
```
      9
0,38)3.42
    342
      0
```
③
```
      36
0,24)8.64
     72
    144
    144
      0
```

④
```
      8
0,72)5.76
    576
      0
```
⑤
```
      58
0,04)2.32
     20
     32
     32
      0
```
⑥
```
      43
0,07)3.01
     28
     21
     21
      0
```

⑦
```
      6
0,43)2.58
    258
      0
```
⑧
```
      460
0,03)13.80
     12
     18
     18
      0
```
⑨
```
      1380
0,04)55.20
     4
     15
     12
     32
     32
      0
```

⑩
```
      45
0,18)8.10
     72
     90
     90
      0
```
⑪
```
      84
0,25)21.00
    200
    100
    100
      0
```
⑫
```
      470
0,09)42.30
     36
     63
     63
      0
```

⑬
```
      150
0,38)57.00
    38
    190
    190
      0
```
⑭
```
      60
0,45)27.00
    270
      0
```
⑮
```
      5
0,26)1.30
    130
      0
```

考え方 ❸ ⑧〜⑮は、わられる数に0をつけたす計算です。⑧⑨⑫⑬⑭は、商の一の位の0をつけわすれないように気をつけましょう。

14 小数÷小数の筆算 ②

❶
```
      0.35
74)2 5.9
   2 2 2
   3 7 0
   3 7 0
       0
```

❷
①
```
      0.62
3,5)2.1.7
   210
    70
    70
     0
```
②
```
      0.45
3,8)1.7.1
   152
   190
   190
     0
```
③
```
      4.15
2,4)9.9.6
    96
    36
    24
   120
   120
     0
```

④
```
      0.95
6,4)6.0.8
   576
   320
   320
     0
```
⑤
```
      0.62
9,5)5.8.9
   570
   190
   190
     0
```
⑥
```
      1.6
4,5)7.2
   45
   270
   270
     0
```

⑦
```
      0.76
8,5)6.4.6
   595
   510
   510
     0
```
⑧
```
      3.5
2,4)8.4
   72
   120
   120
     0
```
⑨
```
      1.26
7,5)9.4.5
   75
   195
   150
   450
   450
     0
```

❸
①
```
      1.2
7,5)90
   75
   150
   150
     0
```
②
```
      6.25
0,8)50
   48
   20
   16
   40
   40
    0
```
③
```
      3.75
3,2)120
    96
   240
   224
   160
   160
     0
```

④
```
        3.75
   2.4)90
       72
      180
      168
      120
      120
        0
```
⑤
```
        1.25
   5.6)70
       56
      140
      112
      280
      280
        0
```
⑥
```
        12.5
   0.4)50
       4
      10
       8
      20
      20
       0
```

⑦
```
       2.5
  1.2)30
      24
      60
      60
       0
```
⑧
```
       21.6
  2.5)540
      50
      40
      25
     150
     150
       0
```
⑨
```
       8.75
  3.2)280
      256
      240
      224
      160
      160
        0
```

⑩
```
         2.4
  2.15)5.16
       430
       860
       860
         0
```
⑪
```
         1.5
  1.64)2.46
       164
       820
       820
         0
```
⑫
```
         1.2
  3.75)4.50
       375
       750
       750
         0
```

⑬
```
          1.6
  5.25)8.40
       525
      3150
      3150
         0
```
⑭
```
          1.8
  2.05)3.69
       205
      1640
      1640
         0
```
⑮
```
          3.4
  1.25)4.25
       375
       500
       500
         0
```

考え方 わり進めるときは、わられる数に0を
つけたします。

15 小数÷小数の筆算 ③

❶ 5.3

❷ ①4.1　　②7.8　　③63.3
　④22.9　　⑤2.6　　⑥2.4
　⑦2.7

❸ ①2.2　　②0.3　　③1.7
　④15.5　　⑤36.8　　⑥19.7
　⑦2.1　　⑧8.1　　⑨67.1
　⑩6.5

考え方 商を$\frac{1}{100}$の位まで計算し、$\frac{1}{100}$の位
の数が5以上のときは、$\frac{1}{10}$の位に1をたします。

16 小数÷小数の筆算 ④

❶ 商4　　余り2.2

❷ ①商5　余り2.5　　②商9　余り1.2
　③商7　余り1.1　　④商26　余り1.2
　⑤商3　余り1.26　　⑥商12　余り0.4
　⑦商4　余り1.15

❸ ①商3　余り3.2　　②商11　余り0.6
　③商3　余り0.98　　④商14　余り0.3
　⑤商3　余り0.76　　⑥商15　余り2.2
　⑦商4　余り1.38　　⑧商28　余り1.4
　⑨商6　余り5.4　　⑩商11　余り0.27

考え方 商の小数点は、わられる数の新しい小
数点と同じところで、余りの小数点は、わられ
る数のもとの小数点と同じところです。

❷ ③
```
       7
  3.6)26.3
      252
       11
```

17 小数÷小数の筆算 ⑤

❶
```
        33
  0.7)23.1
      21
       21
       21
        0
```

❷ ①
```
       16
  0.6)9.6
      6
      36
      36
       0
```
②
```
       1.5
  0.4)0.6
      4
      20
      20
       0
```
③
```
        8.5
  2.6)22.1
      208
      130
      130
        0
```

④
```
       7
  5.3)37.1
      371
        0
```
⑤
```
        0.8
  34.5)27.60
       27 60
          0
```
⑥
```
       18.9
  0.3)5.6.7
      3
      26
      24
      27
      27
       0
```

⑦
```
        5.08
 2.5)12.7
     125
      200
      200
        0
```

❸ ①3.5　　②1.8
　　③0.56　　④0.78　　⑤5.6

❹ ①商3　余り1.8　　②商4　余り1.4
　　③商3　余り0.3　　④商54　余り0.8
　　⑤商130　余り3　　⑥商90　余り5

考え方　❷ ②③⑤⑦は、わられる数に0をつけたしてわり切れるまで計算します。
❸ 3けためまで計算し、3けための数を四捨五入して概数で表します。
❹ ⑤⑥は、余りが整数になります。

👑18 小数÷小数の筆算⑥

❶ ①
```
        2.4
 2.9)6.9.6
     58
     116
     116
       0
```
②
```
        1.8
 4.8)8.6.4
     48
     384
     384
       0
```
③
```
        3.6
 5.2)18.7.2
     156
      312
      312
        0
```

④
```
        3.2
 6.3)20.1.6
     189
      126
      126
        0
```
⑤
```
        21.4
 3.9)83.4.6
     78
      54
      39
      156
      156
        0
```
⑥
```
        2.7
 2.6)7.0.2
     52
      182
      182
        0
```

⑦
```
         3
 0.57)1.71
      171
        0
```
⑧
```
        85
 0.09)7.65
      72
       45
       45
        0
```
⑨
```
        25
 0.22)5.50
      44
      110
      110
        0
```

⑩
```
        710
 0.02)14.20
      14
        2
        2
        0
```
⑪
```
        80
 0.75)6000
      600
        0
```
⑫
```
         250
 0.26)6500
      52
      130
      130
        0
```

❷ ①
```
        0.65
 4.6)29.9
     276
      230
      230
        0
```
②
```
        0.74
 5.5)40.7
     385
      220
      220
        0
```
③
```
        1.64
 1.5)24.6
     15
      96
      90
       60
       60
        0
```

④
```
        2.45
 3.8)9.3.1
     76
     171
     152
      190
      190
        0
```
⑤
```
        2.8
 3.5)9.8
     70
     280
     280
       0
```
⑥
```
        8.75
 0.8)70
     64
      60
      56
       40
       40
        0
```

⑦
```
        1.25
 7.2)90
     72
     180
     144
      360
      360
        0
```
⑧
```
        6.25
 5.6)350
     336
      140
      112
      280
      280
        0
```
⑨
```
         1.8
 4.55)8.19
      455
      3640
      3640
         0
```

⑩
```
        1.5
 6.28)9.42
      628
      3140
      3140
         0
```
⑪
```
        2.2
 3.65)8.03
      730
      730
      730
        0
```
⑫
```
        3.2
 1.75)5.60
      525
      350
      350
        0
```

⑬
```
        2.5
 2.36)5.90
      472
      1180
      1180
         0
```

考え方　❶ ⑨～⑫は、わる数と同じだけわられる数も小数点を右に移すので、わられる数に0をつけたします。
❷ わり進むために、0をつけたして計算します。①②は、一の位に商がたたないので、0と書きます。

🐰19 小数÷小数の筆算⑦

❶ ①11.6　　②9.2　　③11.5
　　④12.2　　⑤54.5　　⑥1.2
　　⑦5.1　　⑧23.9

❷ ①商6　余り2.2　　②商17　余り2.7
　　③商5　余り6　　④商8　余り0.1

89

⑤商14　余り0.9　　⑥商8　余り3.4
⑦商1　余り1.77　　⑧商2　余り0.59
⑨商2　余り0.9　　⑩商34　余り4.2

考え方
❶ ①②⑦は、$\frac{1}{100}$の位の数が5から9まで
の数だから、切り上げて$\frac{1}{10}$の位までの概数で
表します。③④⑤⑥⑧は、$\frac{1}{100}$の位の数が0
から4までの数だから、切り捨てて$\frac{1}{10}$の位ま
での概数で表します。
❷ ③は、余りが整数になる計算です。⑦⑧は、
余りの小数点から下のけた数が2けたになる計
算です。

👑 20 まとめのテスト

❶ ①39　　②175　　③21
　④1.38　　⑤2.88　　⑥0.45
　⑦0.174　　⑧0.021

❷ ①
```
    1.6
  ×2.4
    64
   32
  3.84
```
②
```
    4.9
  ×3.8
   392
  147
 18.62
```
③
```
   0.32
  × 4.6
   192
  128
 1.472
```
④
```
    6.5
  ×7.2
   130
  455
 46.80
```
⑤
```
   0.7
  ×1.3
    21
   7
  0.91
```
⑥
```
    20
  ×3.14
    80
   20
   60
 62.80
```

❸ ①
```
    1.2
  ×3.4
    48
   36
  4.08
```
②
```
    4.5
  ×5.02
    90
  225
 22.590
```
③
```
   0.38
  ×0.37
   266
  114
 0.1406
```

❹ ①45　　②8　　③30
　④2　　⑤25　　⑥0.9

❺ ①
```
         3
  8.7)26.1
     261
       0
```
②
```
        1.2
  9.6)11.5.2
      96
     192
     192
       0
```
③
```
       8
  6.5)520
     520
       0
```

④
```
       6.2
  9.5)58.9
     570
     190
     190
       0
```
⑤
```
      0.5
  3.8)1.90
     190
       0
```
⑥
```
       6.8
  1.25)8.50
      750
     1000
     1000
        0
```

❻ ①9.3　　②8.8　　③0.4
①
```
       3
       9.28
  4.2)390
     378
     120
      84
     360
     336
      24
```
②
```
       8
       8.76
  0.8)7.0.1
     64
     61
     56
     50
     48
      2
```
③
```
       0.43
  5.7)2.50
     228
     220
     171
      49
```

❼ ①商　8　　②商　8　　③商　13
　余り2　　余り0.3　　余り1.2
①
```
       8
  3.1)26.8
     248
     2.0
```
②
```
       8
  0.9)7.5
     72
     0.3
```
③
```
      13
  3.7)49.3
     37
     123
     111
     1.2
```

考え方
❷、❸ 積の小数点の位置、小数点か
ら下の最後の0に気をつけて計算しましょう。
❺ ④⑤⑥は、0をつけたしてわり進みます。
❼ 余りの小数点の位置は、わられる数のもと
の小数点の位置と同じです。

🐰 21 約分・通分 ①

❶ ①4、9、8　　②15、12、35
　③12、10、5　　④18、12、1
　⑤3、12、80　　⑥48、18、4（左から）

❷ ①$\frac{2}{8}$、$\frac{3}{12}$　　②$\frac{4}{10}$、$\frac{6}{15}$　　③$\frac{6}{14}$、$\frac{9}{21}$
　④$\frac{3}{5}$、$\frac{12}{20}$　　⑤$\frac{1}{2}$、$\frac{8}{16}$　　⑥$\frac{3}{4}$、$\frac{18}{24}$
　⑦$\frac{1}{3}$、$\frac{10}{30}$　　⑧$\frac{1}{10}$、$\frac{20}{200}$　　（例）

❸
① $\dfrac{1}{4}$　② $\dfrac{1}{3}$　③ $\dfrac{5}{6}$

④ $\dfrac{1}{2}$　⑤ $\dfrac{1}{3}$　⑥ $\dfrac{1}{2}$

⑦ $\dfrac{8}{15}$　⑧ $\dfrac{3}{5}$　⑨ $\dfrac{1}{2}$

⑩ $\dfrac{6}{7}$　⑪ $\dfrac{1}{8}$　⑫ $\dfrac{2}{3}$

⑬ $\dfrac{2}{3}$　⑭ $\dfrac{1}{4}$　⑮ $\dfrac{1}{5}$

⑯ $\dfrac{5}{6}$　⑰ $\dfrac{2}{3}$　⑱ $\dfrac{1}{5}$

⑲ $\dfrac{2}{9}$　⑳ $\dfrac{3}{4}$　㉑ $\dfrac{1}{5}$

㉒ $\dfrac{1}{3}$　㉓ $\dfrac{3}{4}$　㉔ $\dfrac{2}{3}$

㉕ $\dfrac{3}{4}$

考え方　❷ ④分母、分子を2でわる場合と、分母、分子を2倍する場合を考えます。3倍、4倍した分数で答えることもできます。
❸ 分母と分子の最大公約数を見つけてからわれば、まだ約分できるのに約分しわすれるミスがなくなります。

22 約分・通分 ②

❶ ① $\dfrac{3}{6}, \dfrac{4}{6}$

② $\dfrac{15}{20}, \dfrac{8}{20}$　③ $\dfrac{6}{10}, \dfrac{5}{10}$　④ $\dfrac{3}{12}, \dfrac{4}{12}$

⑤ $\dfrac{12}{15}, \dfrac{10}{15}$　⑥ $\dfrac{15}{35}, \dfrac{14}{35}$　⑦ $\dfrac{15}{20}, \dfrac{14}{20}$

⑧ $\dfrac{3}{12}, \dfrac{10}{12}$　⑨ $\dfrac{4}{24}, \dfrac{9}{24}$　⑩ $\dfrac{10}{18}, \dfrac{15}{18}$

⑪ $\dfrac{7}{12}, \dfrac{2}{12}$　⑫ $\dfrac{9}{30}, \dfrac{8}{30}$　⑬ $\dfrac{11}{16}, \dfrac{12}{16}$

⑭ $\dfrac{16}{30}, \dfrac{21}{30}$　⑮ $\dfrac{25}{40}, \dfrac{32}{40}$　⑯ $\dfrac{20}{72}, \dfrac{21}{72}$

⑰ $\dfrac{18}{32}, \dfrac{13}{32}$　⑱ $\dfrac{24}{40}, \dfrac{35}{40}, \dfrac{36}{40}$

❷ ① $\dfrac{3}{4}, \dfrac{4}{5}\left(\dfrac{15}{20}, \dfrac{16}{20}\right)$ □○　② $\dfrac{2}{3}, \dfrac{4}{7}\left(\dfrac{14}{21}, \dfrac{12}{21}\right)$ ○□

③ $\dfrac{5}{6}, \dfrac{3}{5}\left(\dfrac{25}{30}, \dfrac{18}{30}\right)$ ○□　④ $\dfrac{5}{8}, \dfrac{7}{10}\left(\dfrac{25}{40}, \dfrac{28}{40}\right)$ □ ○

⑤ $\dfrac{8}{9}, \dfrac{2}{3}\left(\dfrac{8}{9}, \dfrac{6}{9}\right)$ ○□　⑥ $\dfrac{3}{4}, \dfrac{1}{2}\left(\dfrac{3}{4}, \dfrac{2}{4}\right)$ ○□

⑦ $\dfrac{7}{9}, \dfrac{8}{15}\left(\dfrac{35}{45}, \dfrac{24}{45}\right)$ ○□　⑧ $\dfrac{7}{10}, \dfrac{4}{5}\left(\dfrac{7}{10}, \dfrac{8}{10}\right)$ □○

⑨ $\dfrac{1}{3}, \dfrac{4}{17}\left(\dfrac{17}{51}, \dfrac{12}{51}\right)$ ○□　⑩ $\dfrac{29}{48}, \dfrac{13}{24}\left(\dfrac{29}{48}, \dfrac{26}{48}\right)$ ○□

⑪ $\dfrac{1}{4}, \dfrac{3}{14}\left(\dfrac{7}{28}, \dfrac{6}{28}\right)$ ○□　⑫ $\dfrac{5}{7}, \dfrac{5}{6}\left(\dfrac{30}{42}, \dfrac{35}{42}\right)$ □○

⑬ $\dfrac{7}{45}, \dfrac{2}{9}\left(\dfrac{7}{45}, \dfrac{10}{45}\right)$ □○　⑭ $\dfrac{9}{14}, \dfrac{1}{3}\left(\dfrac{27}{42}, \dfrac{14}{42}\right)$ ○□

⑮ $\dfrac{11}{18}, \dfrac{3}{4}\left(\dfrac{22}{36}, \dfrac{27}{36}\right)$ □○　⑯ $\dfrac{8}{9}, \dfrac{11}{12}\left(\dfrac{32}{36}, \dfrac{33}{36}\right)$ □○

考え方　❷ 分母の最小公倍数で通分して比べます。分母が同じ分数では、分子が大きいほうが大きい分数になります。

23 分数のたし算 ①

❶ ① $\dfrac{13}{15}$

② $\dfrac{7}{12}$　③ $\dfrac{17}{30}$

④ $\dfrac{15}{28}$　⑤ $\dfrac{23}{40}$

⑥ $\dfrac{62}{63}$　⑦ $\dfrac{13}{24}$

⑧ $\dfrac{57}{88}$　⑨ $\dfrac{43}{60}$

⑩ $\dfrac{7}{12}$　⑪ $\dfrac{7}{9}$

⑫ $\dfrac{25}{54}$

❷ ① $\dfrac{19}{20}$　② $\dfrac{39}{40}$

③ $\dfrac{41}{42}$　④ $\dfrac{19}{24}$

⑤ $\dfrac{27}{40}$　⑥ $\dfrac{37}{42}$

⑦ $\dfrac{17}{20}$　⑧ $\dfrac{43}{60}$

⑨ $\dfrac{17}{18}$　⑩ $\dfrac{31}{56}$

⑪ $\dfrac{11}{21}$　⑫ $\dfrac{19}{30}$

⑬ $\dfrac{13}{15}$

考え方　たし算をする前に、分母の最小公倍数で通分されているか確かめましょう。

24 分数のたし算②

❶
① $\frac{7}{15}$

② $\frac{1}{3}$　③ $\frac{2}{3}$

④ $\frac{3}{4}$　⑤ $\frac{2}{3}$

⑥ $\frac{2}{5}$　⑦ $\frac{5}{7}$

⑧ $\frac{3}{4}$　⑨ $\frac{4}{9}$

⑩ $\frac{5}{8}$　⑪ $\frac{5}{6}$

⑫ $\frac{5}{8}$

❷
① $\frac{1}{2}$　② $\frac{3}{4}$

③ $\frac{5}{7}$　④ $\frac{5}{6}$

⑤ $\frac{19}{21}$　⑥ $\frac{1}{3}$

⑦ $\frac{7}{8}$　⑧ $\frac{5}{9}$

⑨ $\frac{11}{12}$　⑩ $\frac{4}{5}$

⑪ $\frac{5}{6}$　⑫ $\frac{7}{12}$

⑬ $\frac{5}{14}$

考え方 答えはすべて約分できるので、答えの見直しをしっかりします。分母と分子の公約数を考える習慣を身につけましょう。

26 分数のひき算①

❶
① $\frac{1}{12}$

② $\frac{7}{15}$　③ $\frac{1}{12}$

④ $\frac{11}{45}$　⑤ $\frac{5}{24}$

⑥ $\frac{1}{15}$　⑦ $\frac{23}{60}$

⑧ $\frac{3}{8}$　⑨ $\frac{5}{9}$

⑩ $\frac{1}{8}$　⑪ $\frac{1}{20}$

⑫ $\frac{5}{14}$

❷
① $\frac{3}{16}$　② $\frac{19}{24}$

③ $\frac{3}{28}$　④ $\frac{1}{18}$

⑤ $\frac{4}{39}$　⑥ $\frac{4}{63}$

⑦ $\frac{7}{24}$　⑧ $\frac{28}{45}$

⑨ $\frac{21}{40}$　⑩ $\frac{1}{42}$

⑪ $\frac{1}{12}$　⑫ $\frac{9}{44}$

⑬ $\frac{1}{14}$

考え方 ❷ ⑫22と4の最小公倍数は44です。分母を88にした人は、最小公倍数の復習をしておきましょう。

25 分数のたし算③

❶
① $\frac{17}{15}\left(1\frac{2}{15}\right)$　② $\frac{11}{8}\left(1\frac{3}{8}\right)$　③ $\frac{13}{12}\left(1\frac{1}{12}\right)$

④ $\frac{61}{36}\left(1\frac{25}{36}\right)$　⑤ $\frac{10}{9}\left(1\frac{1}{9}\right)$　⑥ $\frac{4}{3}\left(1\frac{1}{3}\right)$

⑦ $\frac{7}{6}\left(1\frac{1}{6}\right)$　⑧ $\frac{7}{4}\left(1\frac{3}{4}\right)$　⑨ $\frac{59}{30}\left(1\frac{29}{30}\right)$

⑩ $\frac{25}{6}\left(4\frac{1}{6}\right)$　⑪ $\frac{53}{36}\left(1\frac{17}{36}\right)$　⑫ $\frac{65}{28}\left(2\frac{9}{28}\right)$

❷
① $\frac{4}{3}\left(1\frac{1}{3}\right)$　② $\frac{13}{8}\left(1\frac{5}{8}\right)$　③ $\frac{17}{14}\left(1\frac{3}{14}\right)$

④ $\frac{25}{12}\left(2\frac{1}{12}\right)$　⑤ $\frac{77}{20}\left(3\frac{17}{20}\right)$　⑥ $\frac{19}{6}\left(3\frac{1}{6}\right)$

⑦ $\frac{63}{16}\left(3\frac{15}{16}\right)$　⑧ $\frac{49}{18}\left(2\frac{13}{18}\right)$　⑨ $\frac{11}{2}\left(5\frac{1}{2}\right)$

⑩ $\frac{5}{2}\left(2\frac{1}{2}\right)$　⑪ $\frac{11}{3}\left(3\frac{2}{3}\right)$　⑫ $\frac{50}{9}\left(5\frac{5}{9}\right)$

⑬ $\frac{32}{15}\left(2\frac{2}{15}\right)$

考え方 答えはすべて仮分数になります。帯分数でも表してみましょう。❶⑤〜⑦、❷①〜④、⑨〜⑬の答えは約分できます。

27 分数のひき算②

❶
① $\frac{1}{2}$

② $\frac{1}{4}$　③ $\frac{1}{3}$

④ $\frac{7}{12}$　⑤ $\frac{11}{15}$

⑥ $\frac{1}{3}$　⑦ $\frac{17}{20}$

⑧ $\frac{1}{2}$　⑨ $\frac{1}{4}$

⑩ $\frac{1}{45}$　⑪ $\frac{3}{5}$

⑫ $\frac{3}{10}$

❷
① $\frac{1}{2}$　② $\frac{1}{10}$

③ $\frac{2}{15}$　④ $\frac{1}{3}$

⑤ $\frac{2}{21}$　⑥ $\frac{2}{5}$

⑦ $\frac{5}{9}$　⑧ $\frac{2}{3}$

⑨ $\frac{1}{2}$　⑩ $\frac{9}{20}$

⑪ $\frac{1}{4}$　⑫ $\frac{5}{6}$

⑬ $\frac{3}{14}$

考え方 答えはすべて約分できます。
❷ ⑤分母6、14の最小公倍数は42です。
⑩分母12、15の最小公倍数は60です。

28 分数のひき算 ③

❶ ①$\frac{11}{12}$ ②$\frac{17}{21}$ ③$\frac{11}{16}$

④$\frac{4}{5}$ ⑤$\frac{5}{6}$ ⑥$\frac{5}{9}$

⑦$\frac{17}{15}\left(1\frac{2}{15}\right)$ ⑧$\frac{46}{35}\left(1\frac{11}{35}\right)$ ⑨$\frac{77}{72}\left(1\frac{5}{72}\right)$

⑩$\frac{5}{4}\left(1\frac{1}{4}\right)$ ⑪$\frac{8}{7}\left(1\frac{1}{7}\right)$ ⑫$\frac{13}{12}\left(1\frac{1}{12}\right)$

❷ ①$\frac{19}{30}$ ②$\frac{13}{56}$ ③$\frac{1}{12}$

④$\frac{1}{2}$ ⑤$\frac{1}{3}$ ⑥$\frac{2}{21}$

⑦$\frac{19}{6}\left(3\frac{1}{6}\right)$ ⑧$\frac{77}{36}\left(2\frac{5}{36}\right)$ ⑨$\frac{38}{35}\left(1\frac{3}{35}\right)$

⑩$\frac{43}{24}\left(1\frac{19}{24}\right)$ ⑪$\frac{7}{3}\left(2\frac{1}{3}\right)$ ⑫$\frac{23}{15}\left(1\frac{8}{15}\right)$

⑬$\frac{5}{3}\left(1\frac{2}{3}\right)$

考え方 ❶⑦～⑫、❷⑦～⑬は、答えが仮分数になります。帯分数でも表してみましょう。❶④～⑥、⑩～⑫、❷④～⑥、⑪～⑬は、答えが約分できます。分母と分子の最大公約数でわると、約分が1回ですみます。

29 分数のたし算・ひき算 ①

❶ ①$\frac{17}{24}$ ②$\frac{15}{28}$ ❷①$\frac{53}{56}$ ②$\frac{3}{5}$

③$\frac{2}{3}$ ④$\frac{23}{35}$ ③$\frac{25}{36}$ ④$\frac{3}{4}$

⑤$\frac{13}{18}$ ⑥$\frac{53}{60}$ ⑤$\frac{39}{70}$ ⑥$\frac{9}{20}$

⑦$\frac{5}{49}$ ⑧$\frac{1}{20}$ ⑦$\frac{19}{54}$ ⑧$\frac{17}{36}$

⑨$\frac{1}{2}$ ⑩$\frac{11}{21}$ ⑨$\frac{14}{25}$ ⑩$\frac{1}{6}$

⑪$\frac{5}{36}$ ⑫$\frac{13}{21}$ ⑪$\frac{20}{63}$ ⑫$\frac{2}{35}$

⑬$\frac{3}{20}$

考え方 ❶③④⑨⑩⑫、❷②④⑥⑩⑫⑬は、答えが約分できます。約分をわすれないように気をつけましょう。

30 分数のたし算・ひき算 ②

❶①$\frac{7}{12}$ ❷①$\frac{19}{24}$ ②$\frac{8}{9}$

②$\frac{19}{30}$ ③$\frac{3}{4}$ ③$\frac{31}{42}$ ④$\frac{9}{10}$

④$\frac{13}{16}$ ⑤$\frac{6}{7}$ ⑤$\frac{11}{36}$ ⑥$\frac{8}{15}$

⑥$\frac{1}{12}$ ⑦$\frac{17}{36}$ ⑦$\frac{7}{40}$ ⑧$\frac{2}{3}$

⑧$\frac{1}{9}$ ⑨$\frac{3}{16}$ ⑨$\frac{23}{24}$ ⑩$\frac{7}{8}$

⑩$\frac{11}{12}$ ⑪$\frac{13}{24}$ ⑪$\frac{1}{18}$ ⑫$\frac{2}{5}$

⑫$\frac{17}{18}$ ⑬$\frac{29}{36}$

考え方 分母の3つの数の最小公倍数を共通の分母にして通分します。❶③⑤⑧⑫、❷②④⑥⑧⑩⑫は、答えが約分できます。

31 分数のたし算・ひき算 ③

❶①$\frac{31}{12}\left(2\frac{7}{12}\right)$ ②$\frac{19}{8}\left(2\frac{3}{8}\right)$ ③$\frac{77}{30}\left(2\frac{17}{30}\right)$

④$\frac{7}{3}\left(2\frac{1}{3}\right)$ ⑤$\frac{33}{10}\left(3\frac{3}{10}\right)$ ⑥$\frac{17}{24}$

⑦$\frac{5}{18}$ ⑧$\frac{3}{4}$ ⑨$\frac{2}{5}$

⑩$\frac{27}{28}$ ⑪$\frac{13}{40}$ ⑫$\frac{13}{8}\left(1\frac{5}{8}\right)$

❷①$\frac{3}{2}\left(1\frac{1}{2}\right)$ ②$\frac{29}{15}\left(1\frac{14}{15}\right)$ ③$\frac{103}{36}\left(2\frac{31}{36}\right)$

④$\frac{13}{3}\left(4\frac{1}{3}\right)$ ⑤$\frac{7}{8}$ ⑥$\frac{7}{6}\left(1\frac{1}{6}\right)$

⑦$\frac{2}{3}$ ⑧$\frac{37}{36}\left(1\frac{1}{36}\right)$ ⑨$\frac{39}{20}\left(1\frac{19}{20}\right)$

⑩$\frac{17}{8}\left(2\frac{1}{8}\right)$ ⑪$\frac{19}{60}$ ⑫$\frac{20}{21}$

⑬$\frac{13}{6}\left(2\frac{1}{6}\right)$

考え方 ❶、❷ ⑨～⑬は、3つの分数のたし算やひき算です。2つの分数のたし算やひき算と同じように、分母の最小公倍数で通分します。❶ ④⑤⑧⑨⑫、❷ ①④⑥⑦⑩⑫⑬は、答えが約分できます。約分がと中で終わらないように、分母と分子の最大公約数でわるようにしましょう。

32 帯分数のたし算

❶ ① $\frac{47}{12}\left(3\frac{11}{12}\right)$ ② $\frac{23}{6}\left(3\frac{5}{6}\right)$ ③ $\frac{99}{20}\left(4\frac{19}{20}\right)$

④ $\frac{19}{12}\left(1\frac{7}{12}\right)$ ⑤ $\frac{59}{18}\left(3\frac{5}{18}\right)$ ⑥ $\frac{59}{30}\left(1\frac{29}{30}\right)$

⑦ $\frac{28}{15}\left(1\frac{13}{15}\right)$ ⑧ $\frac{97}{60}\left(1\frac{37}{60}\right)$ ⑨ $\frac{11}{3}\left(3\frac{2}{3}\right)$

⑩ $\frac{7}{2}\left(3\frac{1}{2}\right)$ ⑪ $\frac{29}{6}\left(4\frac{5}{6}\right)$ ⑫ $\frac{15}{4}\left(3\frac{3}{4}\right)$

❷ ① $\frac{29}{12}\left(2\frac{5}{12}\right)$ ② $\frac{89}{42}\left(2\frac{5}{42}\right)$ ③ $\frac{35}{9}\left(3\frac{8}{9}\right)$

④ $\frac{13}{10}\left(1\frac{3}{10}\right)$ ⑤ $\frac{11}{6}\left(1\frac{5}{6}\right)$ ⑥ $\frac{19}{18}\left(1\frac{1}{18}\right)$

⑦ $\frac{19}{6}\left(3\frac{1}{6}\right)$ ⑧ $\frac{85}{24}\left(3\frac{13}{24}\right)$ ⑨ $\frac{71}{36}\left(1\frac{35}{36}\right)$

⑩ $\frac{19}{6}\left(3\frac{1}{6}\right)$ ⑪ $\frac{77}{30}\left(2\frac{17}{30}\right)$ ⑫ $\frac{73}{36}\left(2\frac{1}{36}\right)$

⑬ $\frac{95}{18}\left(5\frac{5}{18}\right)$

考え方 ❶ ①帯分数のたし算の場合は、整数部分どうしのたし算と通分した分数どうしのたし算でも計算することができます。

$$1\frac{2}{3}+2\frac{1}{4}=1\frac{8}{12}+2\frac{3}{12}=3\frac{11}{12}$$

$$1+2=3 \qquad \frac{8}{12}+\frac{3}{12}=\frac{11}{12}$$

33 帯分数のひき算

❶ ① $\frac{7}{6}\left(1\frac{1}{6}\right)$ ② $\frac{5}{12}$ ③ $\frac{29}{24}\left(1\frac{5}{24}\right)$

④ $\frac{13}{12}\left(1\frac{1}{12}\right)$ ⑤ $\frac{7}{18}$ ⑥ $\frac{29}{12}\left(2\frac{5}{12}\right)$

⑦ $\frac{101}{45}\left(2\frac{11}{45}\right)$ ⑧ $\frac{5}{3}\left(1\frac{2}{3}\right)$ ⑨ $\frac{3}{4}$

⑩ $\frac{3}{2}\left(1\frac{1}{2}\right)$ ⑪ $\frac{1}{3}$ ⑫ $\frac{7}{4}\left(1\frac{3}{4}\right)$

❷ ① $\frac{47}{14}\left(3\frac{5}{14}\right)$ ② $\frac{25}{24}\left(1\frac{1}{24}\right)$ ③ $\frac{5}{6}$

④ $\frac{79}{60}\left(1\frac{19}{60}\right)$ ⑤ $\frac{29}{36}$ ⑥ $\frac{7}{8}$

⑦ $\frac{13}{60}$ ⑧ $\frac{41}{21}\left(1\frac{20}{21}\right)$ ⑨ $\frac{43}{20}\left(2\frac{3}{20}\right)$

⑩ $\frac{9}{4}\left(2\frac{1}{4}\right)$ ⑪ $\frac{8}{5}\left(1\frac{3}{5}\right)$ ⑫ $\frac{28}{45}$

⑬ $\frac{3}{28}$

考え方 帯分数のひき算は、整数と分数に分けて計算する場合、分数部分の大きさを考えてから計算します。

34 まとめのテスト

❶ ① $\frac{3}{4}$ ② $\frac{5}{6}$ ③ $\frac{1}{8}$

④ $\frac{5}{9}$ ⑤ $\frac{2}{7}$ ⑥ $\frac{2}{9}$

❷ ① $\frac{6}{21}$, $\frac{7}{21}$ ② $\frac{8}{10}$, $\frac{7}{10}$ ③ $\frac{8}{12}$, $\frac{9}{12}$

④ $\frac{18}{20}$, $\frac{15}{20}$ ⑤ $\frac{15}{18}$, $\frac{14}{18}$ ⑥ $\frac{7}{40}$, $\frac{35}{40}$

❸ ① $\frac{7}{6}\left(1\frac{1}{6}\right)$ ② $\frac{23}{24}$

③ $\frac{4}{3}\left(1\frac{1}{3}\right)$ ④ $\frac{13}{9}\left(1\frac{4}{9}\right)$

⑤ $\frac{5}{6}$ ⑥ $\frac{22}{15}\left(1\frac{7}{15}\right)$

❹ ① $\frac{7}{30}$ ② $\frac{2}{9}$

③ $\frac{11}{12}$ ④ $\frac{1}{6}$

⑤ $\frac{1}{36}$ ⑥ $\frac{2}{3}$

❺ ① $\frac{4}{3}\left(1\frac{1}{3}\right)$ ② 1

③ $\frac{51}{40}\left(1\frac{11}{40}\right)$ ④ $\frac{55}{63}$

❻ ① $\frac{59}{18}\left(3\frac{5}{18}\right)$ ② $\frac{13}{10}\left(1\frac{3}{10}\right)$

③ $\frac{62}{45}\left(1\frac{17}{45}\right)$ ④ $\frac{49}{24}\left(2\frac{1}{24}\right)$

35 わり算と分数

❶
① $\frac{1}{3}$　② $\frac{4}{9}$　③ $\frac{5}{8}$　④ $\frac{3}{10}$

⑤ $\frac{6}{7}$　⑥ $\frac{2}{13}$　⑦ $\frac{5}{6}$　⑧ $\frac{12}{17}$

⑨ $\frac{4}{11}$　⑩ $\frac{3}{5}$　⑪ $\frac{2}{9}$　⑫ $\frac{15}{19}$

⑬ $\frac{7}{8}$　　⑭ $\frac{1}{21}$　　⑮ $\frac{3}{2}\left(1\frac{1}{2}\right)$

⑯ $\frac{4}{3}\left(1\frac{1}{3}\right)$　⑰ $\frac{13}{6}\left(2\frac{1}{6}\right)$　⑱ $\frac{10}{9}\left(1\frac{1}{9}\right)$

⑲ $\frac{27}{5}\left(5\frac{2}{5}\right)$　⑳ $\frac{16}{7}\left(2\frac{2}{7}\right)$　㉑ $\frac{8}{3}\left(2\frac{2}{3}\right)$

㉒ $\frac{5}{2}\left(2\frac{1}{2}\right)$　㉓ $\frac{32}{23}\left(1\frac{9}{23}\right)$　㉔ $\frac{29}{14}\left(2\frac{1}{14}\right)$

❷
① 6　② 7　③ 1　④ 5

⑤ 7　⑥ 25　⑦ 4　⑧ 8

⑨ 5　⑩ 4　⑪ 11　⑫ 27

⑬ 35

考え方　❶ ⑮〜㉔は、帯分数で表してもよいです。
❷ 分数は、分子÷分母のわり算の式で表すことができます。

36 分数と小数・整数 ①

❶
① 0.75　② 0.5　③ 0.125　④ 1.2

⑤ 0.25　⑥ 0.8　⑦ 0.625　⑧ 1.5

⑨ 2.25　⑩ 0.375　⑪ 1.375　⑫ 0.84

❷
① 0.4　② 0.2　③ 4.5　④ 0.25

⑤ 0.04　⑥ 0.55　⑦ 0.75　⑧ 0.875

⑨ 2.6　⑩ 6.5　⑪ 7.75　⑫ 0.08

⑬ 0.54

考え方　❷ ⑫
```
      0.08
 75)600
     600
       0
```
6は75でわれないので、商の一の位に0をたててわり進みます。

37 分数と小数・整数 ②

❶
① 0.67　② 0.29　③ 0.56　④ 0.58

⑤ 1.33　⑥ 0.43　⑦ 0.18　⑧ 0.22

⑨ 0.41　⑩ 0.37　⑪ 3.11　⑫ 0.45

❷
① 0.222　② 0.571　③ 0.385　④ 0.154

⑤ 0.167　⑥ 0.182　⑦ 1.857　⑧ 1.364

⑨ 0.208　⑩ 0.214　⑪ 1.889　⑫ 1.286

⑬ 0.105

考え方

❶②
```
    0.285…
 7)20
    14
     60
     56
      40
      35
       ⋮
```

❷②
```
    0.5714…
 7)40
    35
     50
     49
      10
       7
      30
      28
       ⋮
```

38 分数と小数・整数 ③

❶
① 7　　　　⑧ 10　⑨ 100

② 5　③ 37　⑩ 10　⑪ 1

④ 6　⑤ 967　⑫ 1000

⑥ 5　⑦ 100

❷
① $\frac{3}{5}\left(\frac{6}{10}\right)$　② $\frac{11}{10}\left(1\frac{1}{10}\right)$

③ $\frac{7}{100}$　④ $\frac{5}{2}\left(\frac{25}{10}, 2\frac{1}{2}, 2\frac{5}{10}\right)$

⑤ $\frac{71}{50}\left(\frac{142}{100}, 1\frac{21}{50}, 1\frac{42}{100}\right)$　⑥ $\frac{3}{1000}$

⑦ $\frac{9}{20}\left(\frac{45}{100}\right)$　⑧ $\frac{8}{1}$

⑨ $\frac{181}{250}\left(\frac{724}{1000}\right)$　⑩ $\frac{2}{125}\left(\frac{16}{1000}\right)$

⑪ $\frac{32}{1}$　⑫ $\frac{77}{100}$

⑬ $\frac{629}{200}\left(\frac{3145}{1000}, 3\frac{29}{200}, 3\frac{145}{1000}\right)$

考え方　小数は、分母を10、100、1000にした分数で表すことができます。整数は、分母を1にした分数で表すことができます。

1 ①2.1 ②0.24 ③0.015
④5 ⑤8 ⑥70

2
①
```
   2.6
× 1.7
 1 8 2
 2 6
 4.4 2
```
②
```
   0.45
×  6.8
  3 6 0
 2 7 0
 3.0 6 0
```
③
```
   3.9
× 0.27
  2 7 3
  7 8
 1.0 5 3
```

④
```
   0.28
× 0.48
  2 2 4
 1 1 2
 0.1 3 4 4
```
⑤
```
    42
× 3.14
 1 6 8
  4 2
 1 2 6
 1 3 1.8 8
```
⑥
```
   3.04
×  2.5
 1 5 2 0
 6 0 8
 7.6 0 0
```

⑦
```
   8.2
× 2.16
  4 9 2
  8 2
 1 6 4
 1 7.7 1 2
```
⑧
```
    506
×   3.3
 1 5 1 8
 1 5 1 8
 1 6 6 9.8
```

3
①
```
      2.4
3,9)9,3.6
    7 8
    1 5 6
    1 5 6
        0
```
②
```
       642
0,05)32,10
     30
      2 1
      2 0
        1 0
        1 0
         0
```
③
```
       6
0,43)2,58
     2 5 8
         0
```

④
```
      0.25
8,4)2,10
    1 6 8
      4 2 0
      4 2 0
        0
```
⑤
```
      1.05
3,6)3,7.8
    3 6
      1 8 0
      1 8 0
        0
```
⑥
```
       7.5
7,2)540
     5 0 4
       3 6 0
       3 6 0
         0
```

4 ①3.7 ②78.3 ③2.9
5 ①商 2 ②商 39 ③商 13
　　余り0.3 　余り0.5 　余り3.2

考え方 ❶ ①～③は、整数として計算して、小数点から下のけた数の和だけ左に小数点を移します。
❷ ②⑥は、小数点から下の最後の0や00をとります。④は、小数点の左に0をつけたします。
❸ ④⑤⑥は、0をつけたしてわり進みます。
❺ 余りの小数点の位置は、わられる数のもとの小数点の位置にそろえます。

1 ①$\frac{9}{20}$ ②$\frac{10}{21}$
③$\frac{19}{28}$ ④$\frac{1}{2}$
⑤$\frac{13}{15}$ ⑥$\frac{9}{8}\left(1\frac{1}{8}\right)$
⑦$\frac{2}{9}$ ⑧$\frac{2}{5}$
⑨$\frac{13}{45}$ ⑩$\frac{1}{4}$
⑪$\frac{3}{5}$ ⑫$\frac{21}{20}\left(1\frac{1}{20}\right)$

2 ①$\frac{4}{5}$ ②$\frac{1}{4}$
③$\frac{5}{8}$ ④0

3 ①$\frac{25}{6}\left(4\frac{1}{6}\right)$ ②$\frac{43}{12}\left(3\frac{7}{12}\right)$
③$\frac{4}{5}$ ④$\frac{11}{4}\left(2\frac{3}{4}\right)$

4 ①$\frac{1}{8}$ ②$\frac{7}{9}$
③$\frac{9}{5}\left(1\frac{4}{5}\right)$ ④$\frac{13}{7}\left(1\frac{6}{7}\right)$

5 ①0.29 ②0.44 ③0.23

6 ①$\frac{3}{10}$ ②$\frac{107}{100}\left(1\frac{7}{100}\right)$ ③$\frac{4}{1}$

考え方 ❶ ④⑤⑥⑧⑩⑪⑫は、答えが約分できます。
⑫$\frac{95}{60}-\frac{32}{60}=\frac{\overset{21}{\cancel{63}}}{\underset{20}{60}}=\frac{21}{20}\left(1\frac{1}{20}\right)$

❷ ④$\frac{1}{6}+\frac{2}{6}-\frac{3}{6}=\frac{3}{6}-\frac{3}{6}=0$

❸ ③$\frac{37}{15}-\frac{25}{15}=\frac{\overset{4}{\cancel{12}}}{\underset{5}{15}}=\frac{4}{5}$

❺ 筆算で計算しましょう。
①$2÷7=0.285\cdots$